RECHERCHES

SUR

L'ÉLECTROLYSE

EXTRAITS DES ŒUVRES COMPLÈTES

DU Dʳ ÉDOUARD LÉONARD SPERK

TRADUITES DU RUSSE

PAR LES DOCTEURS

ŒLSNITZ (de Nice) et de KERVILLY (de Paris)

PARIS

OCTAVE DOIN, ÉDITEUR

8, PLACE DE L'ODÉON, 8

1896

RECHERCHES

SUR

L'ÉLECTROLYSE

RECHERCHES

L'ÉLECTROLYSE

EXTRAITS DES ŒUVRES COMPLÈTES

DU Dʳ ÉDOUARD LÉONARD SPERK

TRADUIT DU RUSSE

PAR LES DOCTEURS

ŒLSNITZ (de Nice) et de KERVILLY (de Paris)

PARIS

OCTAVE DOIN, ÉDITEUR

8, PLACE DE L'ODÉON, 8

—

1896

II

LA CULTURE DES PLANTES A RAMONE

En 1886, Son Altesse le Prince Alexandre Pétrovitch d'Oldenbourg daigna me proposer d'entreprendre des inoculations expérimentales de la syphilis aux animaux, à la station bactériologique organisée sous le haut patronage de Son Altesse.

Les inoculations que je pratiquai alors à des singes me donnèrent des résultats négatifs. Désireux, cependant, de me faire une opinion sur les données scientifiques que l'on est en droit d'attendre de la méthode d'inoculations *in anima vili*, je procédai à une série d'expériences avec la lymphe vaccinale, sur des veaux, des singes, et d'autres animaux.

Malgré le grand nombre de faits intéressants que ces études mirent en lumière, et dont la relation serait déplacée dans cet opuscule, je dus bientôt me convaincre que la méthode choisie était impuissante à élucider le fond de la question, à donner l'interprétation des faits acquis. Elle ne répondait donc pas au but que l'on se proposait d'atteindre.

Des notions nouvelles, concernant les virus élaborés par les microbes dans l'organisme animal, venaient, il est vrai, enrichir la science. Mais comment pouvons-nous prétendre à une explication rationnelle de ces données, quand le mode d'action, sur le même organisme, de substances beaucoup plus simples, d'origine minérale ou végétale, est encore une énigme pour nous? Savons-nous, ou pouvons-nous espérer savoir, étant données les méthodes scientifiques actuelles, pourquoi la morphine, par exemple, agit sur certains centres nerveux, tandis que la strychnine agit sur des centres nerveux différents? Connaissons-nous même la cause qui porte l'action des alcaloïdes en général sur les centres nerveux?

Nous en sommes encore à nous demander en vertu de quel principe les sels de sodium sont inoffensifs pour l'homme, tandis que les sels congénères de potassium sont toxiques. Nous ignorons pourquoi certaines substances constituent des poisons violents pour certains animaux, et sont absorbées impunément par d'autres. Et devant cette impuissance à résoudre ces problèmes, relativement simples, l'esprit doute, malgré lui, de la possibilité de donner une interprétation exacte de l'action, sur l'organisme, de corps aussi complexes que les toxialbumines.

Mais voici, dans un autre ordre d'idées, une nouvelle lacune qui se découvre dans nos connaissances. On a démontré que beaucoup de substances, expérimentées *in vitro*, sont, pour les microbes, des poisons violents, et on les a nommées, pour ce fait, substances antiparasitaires. Mais, hélas! on n'a pas tardé à s'apercevoir que ces antiparasitaires ne l'étaient que quand les parasites séjournaient sur des corps inanimés. Aussitôt le microbe installé dans un tissu vivant, tous les antiparasitaires, même les plus énergiques, devenaient parfaitement impuissants.

Pourquoi cette différence? Les explications scientifiques que l'on donne de l'inefficacité de chacune des substances désinfectantes sont-elles réellement sérieuses, ou ne sont-elles que des lieux communs sans valeur?

Il en est, actuellement, pour les questions de nutrition comme il en était, avant Pasteur, pour l'étiologie des maladies. Cette branche de la pathologie présentait une page blanche, que les mémorables recherches de ce savant et celles de la nouvelle école des bactériologistes ont progressivement remplie, par la découverte des microbes pathogènes de chacune des maladies, prise séparément. Une lacune analogue existe dans la théorie des échanges organiques, aussi bien à l'état physiologique de l'individu que dans les conditions qui relèvent de la pathologie. Cette lacune, il importe de la combler.

Mais, avant tout, en quoi consiste-t-elle?

Au mois de juin 1887, Son Altesse Impériale la Princesse Eugénie-Maximilianovna d'Oldenbourg daigna m'honorer d'une invitation au domaine ducal de Ramone. Au milieu du décor poétique dont m'avait entouré l'hospitalité vraiment royale de mes hôtes, une conversation que je soutins un jour sur le rôle de la matière et de l'énergie dans la nature, imprima à mon esprit la direction déterminée qui a abouti à l'étude que l'on va lire.

Désireux de perpétuer le souvenir des journées agréables que j'ai passées à Ramone, j'ai donné à ce travail le nom des lieux où la première idée en est éclose, et qui en ont vu les prémices. En même temps, un sentiment de profonde et d'ineffaçable reconnaissance envers la gracieuse attention et la constante faveur dont m'a comblé Son Altesse Impériale la Princesse Eugénie-Maximilianovna d'Oldenbourg m'a donné la hardiesse de mettre à ses pieds cet humble travail, et de lui demander respectueusement de bien vouloir l'agréer favorablement, comme le modeste gage d'un dévouement sans limites.

I. — Culture des plantes sur grains de verre arrosés de différentes solutions.

Pendant les premières semaines de sa germination, et avec le concours de l'eau et de l'air, la graine végétale est à même de former sa racine et sa tige aux dépens de sa propre réserve, sans aucun apport de matériaux du dehors.

On a ainsi un moyen, en introduisant dans l'eau d'arrosage des substances diverses, d'étudier l'influence de ces substances sur la germination, sans que les réactions réciproques entre la solution expérimentée et le milieu nutritif viennent compliquer les résultats.

Pour disposer l'expérience, on préparait un vase en

verre, dont le fond, percé de trois trous, était recouvert de papier à filtrer, puis d'une couche de perles de verre transparentes et incolores, soigneusement lavées. Les graines, posées à la surface, étaient arrosées avec 10 centimètres cubes de solution. Le premier vase était placé dans un second, destiné à recueillir le liquide qui s'écoulait du fond percé, et le tout recouvert d'un couvercle en verre, dans lequel trois petites ouvertures donnaient accès à l'air frais.

Au début des expériences, j'ai utilisé les graines de plantes très variées. Mais, dans la suite, les observations en gros n'ont porté que sur des graines de millet, de la récolte de 1887. Ces mêmes graines ont servi, pendant six ans, à mes recherches, sans que leurs qualités germinatives eussent changé : elles ont toujours donné, dans les cultures témoins, de 7 à 10 germes pour 10 graines.

Ces cultures témoins consistaient en graines arrosées d'eau distillée. Variant un peu suivant la saison, la température de la chambre, l'intensité de la lumière et les autres conditions ambiantes, les germes présentaient les dimensions suivantes : Pour la racine — de 4 à 10 centimètres (7 centimètres en moyenne et dans la majorité des cas); pour la tige — de 3 à 5 centimètres (4 centimètres en moyenne; mais généralement 3,5 centimètres).

Dans les expériences d'arrosage avec différentes solutions, ces dimensions ont été considérées comme celles de la plante normale.

Pour faciliter le contrôle, les tasses contenant les graines témoins, arrosées d'eau distillée, étaient adjointes aux tasses d'expérience dans les mêmes récipients.

Le tableau A (Voy. à la fin de l'article) représente les résultats obtenus ; nous les résumons dans les propositions suivantes :

1) L'influence de chaque substance, à quelque groupe qu'elle appartienne, dépend exclusivement de la concentration de la solution.

2) L'action, favorable ou nuisible, de la substance dissoute n'est pas toujours la même pour la racine et pour la tige.

3) La plus grande partie de ces substances, si ce n'est toutes, ont pour effet, quand elles sont en solution forte, de tuer la plante ou d'entraver sa croissance; à un degré de concentration plus faible, elles sont indifférentes ; si l'on augmente encore la dilution, elles favorisent la croissance.

4) Malgré l'absence, chez les graines, de système nerveux et de cellules nerveuses différenciées, les alcaloïdes, en concentration convenable, exercent une action remarquablement dépressive sur la croissance de la plante.

Mais réservons provisoirement l'étude de l'action de chaque groupe de substances en particulier pour nous occuper des questions générales.

II. — Importance de la concentration des solutions.
(*Vie physiologique*, etc.)

La vie physiologique est déterminée par l'accomplissement simultané d'une foule de réactions diverses; et, il est à peine besoin de le rappeler, ces réactions exigent des conditions bien définies pour s'opérer d'une façon régulière. La moindre perturbation entraîne aussitôt une anomalie dans leur fonctionnement.

Une des conditions primordiales de cette régularité fonctionnelle réside dans une concentration rigoureusement définie des sucs de l'organisme. On connaît bien l'importance du dosage exact des solutions, lorsqu'il s'agit de manipulations chimiques, même des plus simples, et, à plus forte raison, pour les réactions complexes de la chimie organique. Bien des phénomènes deviennent compréhensibles, lorsqu'on acquiert une notion plus complète des conditions dans lesquelles se trouvent les molécules de la substance étudiée, en solution dans un liquide.

Cette notion de l'état des substances dissoutes, ainsi que de l'influence du degré de concentration, nous est donnée par la nouvelle théorie des solutions.

Van-t'Hoff, se basant sur les travaux de Pfeffer, a formulé l'hypothèse que les substances dissoutes dans un grand excès de liquide se conforment aux lois, déjà connues, qui régissent la diffusion.

1) *Loi de Bayle-Mariotte.*

Les pressions des gaz sont proportionnelles aux densités.	Les pressions osmotiques des solutions sont proportionnelles aux degrés de concentration.

2) *Loi de Gay-Lussac.*

Pour une élévation de température d'un degré, tous les gaz augmentent leur pression de la même manière.	Pour une élévation de température d'un degré, la pression osmotique augmente de la même quantité pour toutes les solutions.

3) *Loi d'Avogadro.*

A température et à pression égales, les volumes égaux des gaz contiennent le même nombre de molécules.

A température et à pression osmotique égales, les volumes égaux de solutions contiennent un nombre égal de molécules de la substance dissoute.

Cependant, Van-t'Hoff n'a pas réussi tout à fait à établir cette dernière analogie ; les solutions de métaux alcalins, par exemple, ont manifesté une pression osmotique supérieure à celle qu'elles auraient dû avoir. Mais Arrénius est arrivé à aplanir cette difficulté, et a découvert en même temps de nouvelles analogies entre les propriétés des gaz et des solutions.

Effectivement, certains gaz ne se conforment pas, du moins en apparence, à la loi d'Avogadro. Ils manifestent une pression supérieure ou inférieure à celle que l'on aurait pu attendre, si la comparaison porte sur un nombre égal de molécules du gaz « normal » et du gaz expérimenté, sous des volumes égaux. Or, la cause de cette anomalie a été expliquée il y a longtemps. Dans le premier cas (pression supérieure), les molécules gazeuses se dissocient en molécules plus petites ; dans le deuxième cas (pression inférieure), plusieurs de ces mêmes molécules se combinent en une seule. Il est tout naturel de supposer que le même phénomène a lieu parmi les molécules de la substance en solution : tantôt ces molécules se désagrègent en éléments plus petits, qui sont les ions, tantôt elles s'agglomèrent entre elles.

Le premier de ces phénomènes, qui porte le nom de

dissociation, est d'un intérêt tout particulier. Il est en relation intime avec la propriété que possèdent les solutions de conduire l'électricité et d'entrer en réaction chimique.

La concentration influe sur le degré de dissociation, en ce sens que cette dernière propriété augmente toujours avec la dilution de la solution. De plus, le degré de concentration détermine, parfois, la nature même des éléments qui apparaissent comme produit de la dissociation des molécules dans la solution; ce qui, à son tour, détermine les réactions dans lesquelles peut entrer la substance.

Le degré de dissociation est en rapport avec l'énergie de plusieurs autres phénomènes concomitants de la réaction chimique; nous citerons la rapidité de la réaction, le poids spécifique, le frottement moléculaire, la réfraction, l'effet calorique, etc. Mais nous ne nous occuperons ici que de la conductibilité électrolytique et de la pression osmotique.

ÉLECTROLYSE

La dissociation qui s'opère dans certaines solutions les rend réfractaires à la troisième des lois que nous avons énoncées. Celles-là seules sont conductrices du courant galvanique. Plus la solution s'écarte de cette loi, et plus la dissociation y est prononcée, d'autant mieux elle se laisse traverser par le courant.

Inversement, l'étude de la conductibilité d'une solution peut renseigner, jusqu'à un certain point, sur le degré de dissociation en ions de la substance dissoute. D'après Arrénius, la conductibilité des liquides est déterminée par les ions. Sous l'influence des électrodes mis en rapport avec les pôles d'une batterie galvanique, et dont les extrémités plongent dans le liquide, certains ions, — notamment les cathions — se portent sur l'électrode négatif, et les autres, — les anions, — sur l'électrode positif. Les molécules non dissociées sont inaptes à conduire l'électricité dynamique.

Les métaux, l'aluminium, les radicaux d'alcaloïdes jouent le rôle de cathions ; les anions sont les radicaux des acides et les galoïdes. Le degré de conductibilité de la solution dépend, d'une part, du degré de dissociation en ions de la substance dissoute, et, d'autre part, de la vitesse de progression des ions sous l'action des électrodes en tension.

Les recherches de Kohlrausch ont établi que chaque ion est doué d'une mobilité propre, tout à fait indépendante des autres ions qui peuvent se trouver dans la même solution, pourvu que celle-ci soit assez diluée.

Si l'on désigne la mobilité du ion K par 590, celle des autres ions sera représentée par les chiffres suivants :

K	590	OH	1520
AzH^4	590	Cl	620
Na	400	Br	605
Li	330	I	626
Ag	462	Fl	226
¼ Ba	506	AzO^3	616
¼ Mg	450	ClO^3	530
¼ Zn	411	¼ SO^4	660
¼ Cu	420	CH^3CO^2	310
H	2900		

Oswald, qui a effectué de nombreuses recherches sur la conductibilité moléculaire des acides organiques et de leurs sels, a formulé les conclusions suivantes, concernant la vitesse de déplacement de leurs anions, en rapport avec leur structure chimique.

1) Les ions isomères se déplacent avec une vitesse égale.

2) La vitesse de déplacement diminue avec le nombre d'atomes contenus dans l'ion.

3) Quand le nombre des atomes surpasse douze, la vitesse de déplacement est déterminée presque exclusivement par ce nombre, et diminue très peu avec une augmentation ultérieure du nombre des atomes.

4) La nature des atomes qui entrent dans la composition du ion exerce une influence déterminée sur la vitesse de déplacement. Cette influence ne devient toutefois manifeste que dans les ions à structure peu complexe.

Pour fixer les idées, nous citons un extrait des nombreuses données d'Oswald.

IONS		DIFFÉRENCES
Acide formique CHO^2	51,2	
		12,8
» acétique $C^2H^3O^2$	38,4	
		4,1
» propionique $C^3H^7O^2$	31,3	
		3,5
» butyrique $C^4H^7O^2$	30,8	
		2,0
» valérianique $C^5H^9O^2$	28,8	
		1,4
» capronique $C^6H^{11}O^2$	27,4	

La vitesse de déplacement la moins élevée, de 10 à 12,

a été observée dans les ions les plus complexes, contenant de 50 à 60 atomes.

Bredig, en 1892, a effectué de nombreuses recherches sur les cathions organiques. Mais nous n'entrerons pas ici dans les détails des relations entre les vitesses de déplacement des ions et leur structure. Contentons-nous de noter que les recherches de cet expérimentateur ont indubitablement prouvé l'existence de ces relations; des expériences ultérieures compléteront leur étude.

Quoi qu'il en soit, en variant le nombre des atomes qui constituent le ion, ou en substituant les ions l'un à l'autre, la nature possède un moyen puissant de modifier dans une large mesure la conductibilité électrique.

Pour établir le rôle que joue, dans une solution, la diminution graduelle de la concentration, nous allons exposer quelques expériences qui, par leur extrême simplicité, peuvent être répétées par tout le monde, même en dehors du laboratoire.

1) Prenons, dans un verre à expérience, 10 cc. d'acide acétique à la plus haute concentration possible (99 °/₀); plaçons-y deux tiges de platine, adaptées à un manchon d'ébonite qui les maintient à un écartement fixe; et mettons ces tiges en communication avec une batterie de dix éléments de Meidinger, ou de tout autre système. Introduisons dans la chaîne un ampéromètre. N'importe quel ampéromètre médical peut servir, pourvu qu'il marque les dixièmes de milli ampère. Si nous vérifions alors les conductibilités spécifiques des différentes con-

centrations de l'acide acétique, nous aurons, comme résultat, les chiffres suivants :

DEGRÉ DE CONCENTRATION	INDICATIONS GALVANOMÉTRIQUES
99 °/₀	0,01 milliampère
90 °/₀	0,9 »
80 °/₀	1,6 »
50 °/₀	10 »
20 %	14 »
10 °/₀	14 »
5 °/₀	13 »
1 °/₀	9 »
1 °/₀₀	4,5 »
1 °/₀₀₀	2,2 »
1 °/₀₀₀₀	1,5 »

Il est évident que, dans l'expérience précédente, ce ne sont pas les valeurs absolues des indications galvanométriques qui peuvent nous intéresser. Ces indications sont, en effet, absolument subordonnées à l'intensité du courant, à la nature de la batterie employée, à l'écart réciproque des électrodes et à leur degré d'immersion. Les résultats absolus varieront donc avec le dispositif de l'expérience. Seules les données comparatives, invariables, quel que soit ce dispositif, auront toujours pour nous la même valeur. Nos déductions, fondées sur elles, ne seront influencées ni par la puissance plus ou moins grande de l'élément galvanique, ni par la distance réciproque des électrodes, sous la seule condition, pourtant, que ces dispositifs restent les mêmes pendant toute la série des mensurations. Nous constatons, dans ce cas, que l'acide acétique à 99 % conduit très faiblement le courant ; mais que, de plus en plus diluée, la concentration du liquide baissant jusqu'à 20 % et 10 %, la conductibilité électrique suit une marche régulièrement ascendante. Cette limite de dilution dépassée, la conductibilité s'abaisse, bien que beaucoup plus lentement. Ainsi, pour faire remonter le galvanomètre de 1,6 à 14,0, il suffit de faire tomber la concentration de 80 °/₀ à 10 °/₀; tandis que pour faire redescendre l'aiguille galvanométrique de 14 milliampères à 1,5, il est indispensable de porter la dilution à 0,00001.

Les recherches effectuées sur l'acide acétique, à l'aide des méthodes les plus exactes, donnent absolument les mêmes résultats, comme on peut le voir dans le diagramme suivant :

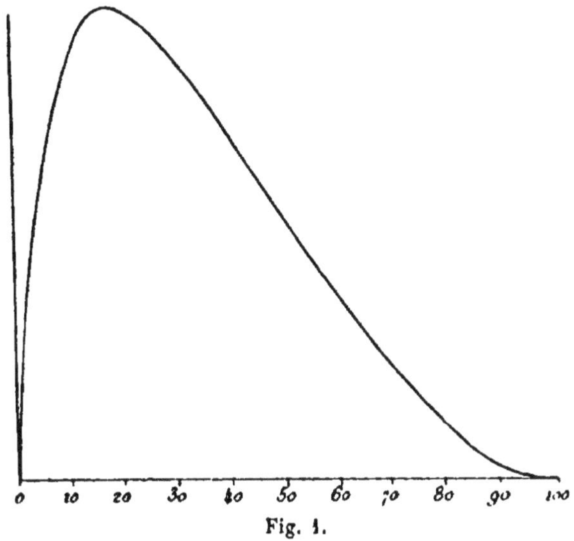

Fig. 1.

Si nous substituons à l'acide acétique tout autre acide, encore liquide à un haut degré de concentration, tels les acides lactique, formique, butyrique, les données obtenues seront analogues. Moins la préparation contiendra d'eau, plus les indications galvanométriques se rapprocheront de zéro. L'addition progressive d'eau élèvera parallèlement et rapidement la conductibilité spécifique jusqu'à une certaine limite de dilution, à partir de laquelle cette conductibilité baisse par degrés, mais lentement.

Étudions maintenant les corps solides, acides ou sels. Nous constatons que tous ces corps sont des électrolytes fort médiocres; ce n'est qu'à l'état de dissolution qu'ils commencent à se décomposer aisément, sous l'influence du courant électrique. Si nous vérifions alors les lois de leur conductibilité spécifique, nous les trouverons identiques à celles trouvées pour les corps normalement liquides, avec cette seule différence que, pour ceux de ces corps qui ne sont que difficilement solubles, les chiffres correspondant aux concentrations extrêmes feront défaut.

Nous choisissons comme exemple, parmi les nombreuses recherches de Kohlrausch, celles qui se rapportent aux combinaisons chlorurées [1].

1. *Encyclopædie d. Naturwissenschaften*, III⁰ partie, 4⁰ fascicule, p. 290.

M [1]	KCl	AzH^4Cl	NaCl	LiCl	$\tfrac{1}{2}BaCl^2$	$\tfrac{1}{2}SrCl^2$	$\tfrac{1}{2}CaCl^2$	$\tfrac{1}{2}MgCl^2$	$\tfrac{1}{2}MnCl^2$	$\tfrac{1}{2}ZnCl^2$	$\tfrac{1}{2}CdCl^2$
0,5	471	466	380	328	362	353	348	330	330	324	143
1	911	904	698	590	658	650	633	593	557	532	206
1,5	1328	1318	974	—	909	882	—	—	724	658	244
2	1728	1720	1209	990	1128	1082	1083	970	854	743	266
2,5	2112	2102	1512	—	1311	1250	—	—	—	—	276
3	2580	2474	1584	1264	1562	1387	1389	1193	1018	821	279
3,5	2822	2836	1728	—		1499	—	—	—	—	277
4		3118	1846	1432			1583	1296	1067	866	270
4,5		3491	1935	—			—	—	—	—	—
5		3760	1991	1517			1666	1311	1020	870	247
5,5			2018	—			—	—		—	—
6				1529			1644	1264		864	220
7				1473			1544	1157		837	192
8				1352			1370	1001		802	163
9				1208			1172	817			134
10				1037				616			
11				911							
12				763							

[1] M = le nombre des grammes-molécules dans le litre de solution.
La température est à 18° centigrades.

L'examen de ce tableau démontre que, pour les sels les plus solubles, comme Li Cl, Mg Cl², Cd Cl², l'abaissement de la conductibilité est parfaitement net dans les concentrations maximales. Par exemple, cette conductibilité est de 1520 pour Li Cl à 6 grammes-molécules; et tombe à 763 pour 12 grammes-molécules par litre. Naturellement, la limite de saturation une fois atteinte, toute mensuration devient impraticable; à l'état solide et à température ordinaire, les sels perdent plus ou moins complètement leurs propriétés électro-conductrices.

Les faits qui viennent d'être exposés donnent lieu aux conclusions suivantes :

Les électrolytes liquides perdent leur pouvoir conducteur avec l'accroissement progressif de leur concentration; à l'état anhydre, ils cessent d'être des électrolytes.

Les électrolytes solides ne sont conducteurs de l'électricité qu'à l'état de dissolution; le maximum de conductibilité correspond à la saturation de la dissolution, et tombe brusquement à zéro, si la perte d'eau continue. Pour les sels facilement solubles, la concentration dont le pouvoir conducteur est le plus élevé, s'éloigne plus ou moins de la limite de saturation; si la concentration augmente encore, la conductibilité s'abaisse brusquement, pour tomber à zéro, au moment où la limite de cristallisation est atteinte.

La théorie d'Arrénius nous permet actuellement de donner une explication à ce phénomène. Si, à l'état anhydre absolu, la substance est dénuée de conductibilité électrolytique, la cause en est dans le manque de ions libres. Avec l'addition d'eau, le degré de dissociation augmente, et, avec lui, la conductibilité électrique. Celle-ci atteint son maximum quand le nombre de ions passibles d'être transportés vers les électrodes, atteint le maximum à son tour. Une dilution encore plus considérable, malgré l'augmentation parallèle de la dissociation, produit une réduction de la conductibilité spécifique ; car la quantité de l'électrolyte diminuant dans le liquide, les ions diminuent en proportion.

Ainsi, les deux principaux facteurs de la conductibilité électrique des corps nous sont connus. Nous avons étudié le rôle de la concentration des solutions, qui détermine le degré de dissociation en ions, — et celui de la structure chimique des ions dans l'électrolyte dissous. Examinons maintenant de quelle manière la nature utilise ces deux facteurs dans le domaine de la vie organique.

Le terrain sur lequel nous nous engageons est, il est vrai, encore vierge de recherches. Néanmoins le peu de données que nous possédons suffiront pleinement à mettre en lumière le classement en électrolytes bons, mauvais et négatifs, des substances faisant partie de l'organisme animal et végétal.

La cellule organique, dans toute sa simplicité, élément constitutif de tous les tissus et organes, se compose de deux parties : *l'enveloppe*, insoluble dans son contenu (*non électrolyte*), et *le contenu*, qui renferme en solution divers sels organiques ou inorganiques (*électrolyte*).

La plante ou l'animal, considéré dans son ensemble, présente une surface recouverte d'écorce ou de peau (tissu corné), ou d'une enveloppe chitinée, ou enfin d'une carapace calcaire (non électrolytes).

Le squelette est toujours mauvais conducteur. Les sécrétions des glandes, qui élaborent les ferments digestifs, sont, en vertu des acides et des alcalis libres qu'elles contiennent, les meilleurs électrolytes; viennent ensuite le sang chez l'animal et, chez la plante, les sucs circulatoires.

Tous les tissus formés aux dépens des matériaux sanguins sont moins bons électrolytes que le sang lui-même. Les matériaux de réserve, déposés dans les tissus (amidon, sucre, graisses), *ne sont pas électrolytes.*

Cette distribution est-elle subordonnée à un plan général? Est-elle au contraire un effet du hasard?

Depuis les travaux de Van-t'Hof, de Klausius, d'Arrénius, de Raoul, de Kohlrausch, d'Oswald, de Tammann, de Nerist, de Helmholz, de Tomson, de Vries et de bien d'autres savants, il est désormais démontré que le hasard n'y est pour rien. On sait que, dans des solutions à concentrations différentes, le degré de dissociation tient sous sa dépendance, outre la conductibilité électrique, un grand nombre d'autres propriétés. C'est la dissociation qui détermine la vitesse de réaction chimique, la chaleur de neutralisation des sels, la valeur de la pression osmotique, la diffusion des dissolutions salines, leur densité et leur volume spécifique, le frottement moléculaire, etc.

Ainsi, la classification des corps d'après leur conductibilité électrique sert de base à leur classification d'après un grand nombre d'autres propriétés physiques et chimiques, dont le rôle est capital pour déterminer la fonction d'une substance donnée dans l'économie générale de l'organisme.

Dans la sphère de la vie organique, là où les ions sont toujours complexes, un exemple des plus instructifs de la transformation d'un *électrolyte positif* nous est donné par la graine — alpha et oméga de la vie végétale.

En comparaison de la plante maternelle, la graine, jeune, encore tendre et pleine de sucs, représente toujours un excellent électrolyte. Mais cette graine, une fois mûre et sèche, devient un électrolyte négatif plus ou moins parfait. Les deux procédés qu'emploie la nature pour atteindre ce résultat sont ceux que nous avons déjà indiqués. C'est, d'une part, la transformation des combinaisons organiques, relativement simples, en combinaisons plus complexes, et souvent même insolubles, comme le sont les matériaux de réserve, — amidon et graisses ; d'autre part, l'élimination de l'eau par évaporation : élimination qui prive tous les corps solubles de leur pouvoir électromoteur.

Quels sont les fins que la nature se propose par ces deux actes?

1) La graine qui, à l'état d'imprégnation complète, présente un certain poids et un certain volume, en perd près de la moitié par l'effet de la dessiccation. Naguère molle et facilement détruite par les injures du milieu, cette graine se transforme en un corps dur, et apte à

supporter un effort mécanique considérable. Elle perd en même temps sa sensibilité aux influences thermiques : à l'état de dessiccation, la graine n'est modifiée ni par le froid, ni par une température relativement élevée.

2) Les réactions chimiques ne s'opèrent qu'entre les corps dissous, et, par conséquent, dissociés en ions ; la dessiccation arrête donc toutes les réactions chimiques en cours.

Bref, le corollaire de ce travail intime apparaît sous forme d'un organisme qui, sous un poids et un volume minima, contient une réserve maximale d'énergie latente.

Et la graine ainsi préparée — on l'a vu pour les grains de blé — conserve sa vitalité, non des unités, non des dizaines, mais des milliers d'années.

Quelques gouttes d'eau suffisent alors. La graine gonfle, ses éléments solubles se dissocient en ions, des réactions chimiques mutuelles s'établissent, l'organisme végétal redevient électrolyte, il recouvre sa faculté végétative.

PRESSION OSMOTIQUE

De la théorie des solutions découlent les lois simples qui président aux phénomènes de l'osmose. On sait que ces phénomènes se produisent chaque fois que deux liquides sont séparés par une membrane perméable à certaines substances seulement, autrement dit, par une membrane semi-perméable.

Il suffit de se rappeler que les enveloppes des cellules animales et végétales appartiennent à la catégorie des membranes semi-perméables, pour comprendre toute l'importance des lois de l'osmose. En effet, la cellule ne saurait exister sans un échange bien défini de substances au travers de ses enveloppes.

La loi fondamentale de l'osmose est de la plus grande simplicité, et peut se formuler ainsi : dans deux solutions séparées par une membrane semi-perméable, le déplacement du liquide dissolvant s'effectue dans une direction telle que les pressions osmotiques des deux solutions viennent à se compenser. Tant que les deux solutions séparées par la membrane sont sous la même pression osmotique, aucun déplacement n'aura lieu. Mais, dès que, d'une façon ou d'une autre, le degré de concentration d'un côté de la membrane se modifie, un des liquides transfuse au travers, jusqu'à ce que l'équilibre de la pression osmotique se rétablisse des deux côtés.

La substance de la membrane semi-perméable elle-même exerce, quelquefois, une influence décisive sur la direction dans laquelle se transporte le liquide.

Si une pochette en vessie de bœuf remplie d'esprit-de-vin est plongée dans l'eau, c'est l'eau qui transfuse vers l'esprit-de-vin; si la pochette est en caoutchouc ou confectionnée avec la pellicule d'une plante aquatique (la caulerpa), c'est au contraire l'esprit-de-vin qui pénètre dans l'eau.

Oswald examine certaines conditions de l'échange des substances au travers d'une membrane semi-perméable, et voici les propres termes de cet auteur : « Il ne peut être question de perméabilité ou d'imperméabilité d'une membrane pour des sels donnés; la question se restreint à la perméabilité pour certains ions. Si, d'un côté de la membrane, se trouve un sel dont le ion positif ne peut passer, le ion négatif ne passera pas non plus, indépendamment de tout autre obstacle qui pourrait s'opposer à son passage.

« Cette imperméabilité peut être vaincue de deux manières : 1) en ajoutant au contenu de la cellule un deuxième sel, dont le ion positif peut pénétrer à travers la membrane; le ion négatif du premier sel passe alors en quantité équivalente à celle du ion positif du premier sel, qui a traversé; 2) en ajoutant au liquide extérieur à la cellule un sel dont le ion négatif peut s'introduire à travers la membrane; — dans ce cas, pour chaque ion négatif introduit dans la cellule, il en sortira un ion négatif issu du liquide intérieur. Cette diffusion bilatérale continuera ainsi sans entrave, tant que le phénomène satisfera à la loi qui veut que *le nombre des ions négatifs, pénétrant des deux côtés de la membrane, soit égal.*

« En thèse générale, le passage des ions est possible, dans le cas où les ions à signe électrique inverse traversent dans le même sens, ou quand les ions à signe identique traversent en sens inverse. »

Ne s'opère-t-il pas quelque chose d'analogue, dans le phénomène de l'échange des sels entre la cellule végétale ou animale et le milieu ambiant? Hamburger, qui s'est occupé de la perméabilité des hématies pour divers sels, arrive aux conclusions suivantes :

« Quand on substitue au sang défibriné une solution d'un sel à diverses concentrations, il s'établit un échange entre l'hématie et le milieu ambiant, de telle façon que la tension osmotique ne change ni dans l'hématie ni dans le milieu ambiant, autrement dit, l'échange s'opère en rapports isotoniques. »

Décrivons encore une expérience simple et accessible à tout le monde.

On se procure, d'une part, des graines de petits pois, tels qu'on les utilise pour l'ensemencement, et, d'autre part, des gousses des mêmes pois, à l'époque où les graines, complètement développées, sont renfermées dans des gousses encore vertes et tendres. Dix graines prélevées sur chaque échantillon sont placées dans des vases remplis de solution de nitrate de potasse à différents titres. Les résultats de cette expérience sont consignés dans le tableau suivant :

	10 PETITS POIS MURS		10 PETITS POIS VERTS	
	Poids avant l'immersion dans le liquide	Poids après 24 heures	Poids avant l'immersion dans le liquide	Poids après 24 heures
Eau distillée..................	1,69 gr.	3,69 gr. + 118 °/₀	3,80 gr.	4,22 gr. + 11 °/₀
Solution de K|AzO³ à 1 °/₀.	1,76 gr.	3,56 gr. + 102 °/₀	3,60 gr.	3,69 gr. + 25 °/₀
» » à 1,5 °/₀.	»	»	4,02 gr.	4,02 gr. ± 0 °/₀
» » à 2 °/₀.	»	»	4,01 gr.	4,02 gr. − 0,5 °/₀
» » à 20 °/₀.	1,87 gr.	3,68 gr. + 96 °/₀	3,69 gr.	3,58 gr. − 2,9 °/₀

Ainsi, les graines vertes, plongées dans l'eau distillée, ou dans une solution de nitrate de potasse, augmentent de poids en 24 heures ; plongées dans les solutions du même sel à 2 °/₀ et 20 °/₀, elles perdent du poids; leur poids reste sans modification dans une solution à 1,5 °/₀. Au contraire, les graines mûres et desséchées augmentent toujours de poids. Après une série de mensurations comparées, on s'aperçoit que, dans l'eau distillée, la graine absorbe un volume de liquide équivalent à son propre poids, c'est-à-dire exactement la même quantité qu'elle avait perdue au cours de la maturation, plus la quantité d'eau qu'absorbe la graine verte dans la même eau distillée. Pour le cas présent, cette absorption est de 100 °/₀ + 18,3 °/₀.

Le moment précis de la formation complète de la

graine verte étant fort difficile à déterminer, nous ne
pouvons prétendre à des évaluations exactement identiques; mais, dans une série d'expériences, la relation
indiquée plus haut acquiert une grande probabilité. Le
poids spécifique de la graine est à peu près celui de l'eau;
la graine mûre absorbe une quantité de liquide égale à
son poids, pour atteindre le poids et le volume qu'elle
avait à l'état vert. Ce phénomène, purement physique,
est tout à fait indépendant de la vitalité; on peut le
prouver, en plongeant les graines dans des solutions qui
déterminent leur mort; telles les solutions créosotées,
par exemple. Mais, d'autre part, cette absorption n'est
pas une simple imprégnation; l'expérience suivante en
fait foi.

Si l'on place des groupes de dix graines de froment
dans des vases remplis de solution d'acide lactique, à
différents titres, on obtient, après trois jours de macéra-
tion, les résultats résumés dans le tableau ci-dessous :

Poids des graines en grammes.

	EXPÉRIENCE		
	avant	après	
Acide lactique concentré....	0,39	0,48	
» à 5 %.................	0,39	0,67	
» à 1 %..............	0,40	0,73	8 graines avec leurs germes
» à 0,002 %..........	0,42	0,80	toutes les graines

Négligeons, pour le moment, le côté théorique du

problème, et portons toute notre attention sur l'effet de la concentration, en rapport avec l'osmose, sur les divers phénomènes physiologiques dont la cellule est le siège.

On connaît les expériences de de Vries sur le protoplasma végétal. Cet auteur plongeait les cellules de diverses plantes dans des solutions à concentrations variées; il trouva que si la pression osmotique de la solution surpasse celle du contenu cellulaire, l'eau pénètre au travers de l'enveloppe semi-perméable du protoplasma, qui se rétracte. Ce phénomène n'aurait pas lieu, si la pression osmotique de la solution était égale ou inférieure à celle de la cellule.

Les concentrations de diverses solutions, dont la pression osmotique est la même, sont appelées isotoniques. Donc, lorsqu'on a déterminé, pour une substance, la concentration douée d'une pression osmotique identique à celle de la cellule étudiée, il est facile de calculer à l'avance la même concentration pour d'autres substances.

Hamburger [1] a contrôlé, sur les hématies, l'action des solutions à différents titres, employées par de Vries, dans ses expériences plasmolytiques sur la cellule végétale. Il a trouvé que les hématies se déposent au fond du vase, dans les solutions les plus concentrées; dans les solutions à concentration faible, ces globules ne se déposent pas, mais ils cèdent leur hématine au liquide ambiant, qui se teint en rouge.

Nasse a étudié l'excitabilité galvanique des fibres mus-

---

1. HAMBURGER, *Die isotonischen Coefficienten und die rothen Blutkörperchen.* Zeitschr. f. physik. Chemie, t. VI, p. 320.

culaires de la grenouille, plongées dans des solutions salines à titres divers.

Le docteur A. A. Wladimiroff [1] s'est occupé de la mobilité de différentes bactéries dans les solutions salines diversement concentrées.

Tammann [2], le premier, a attiré l'attention sur l'intérêt que peut avoir la comparaison des données obtenues par les recherches diverses sur la pression osmotique. Le tableau ci-dessous répond à ses idées.

	DE VRIES	HAMBURGER (hématies)			NASSE	WLADIMIROFF
	concentrations isotoniques avec $KAzO^3$ à 1,01 %, pour la plasmolyse de la cellule végétale	dépôt dans un liquide incolore	dépôt incomplet, liquide coloré en rouge	chiffre moyen	maximum d'excitabilité des muscles	bactérie du typhus abdominal. Arrêt de la mobilité des bactéries
$KAzO^3$........	1,01 %	1,01 %	0,96 %	1 %	0,7 %	6,17 %
NaCl.........	0,585	0,60	0.56	0,58	0,60	3,48
K^2SO^4.......	1,305	0,16	1,06	1,11	0,25	8,31
Sucre de canne	5,13	6,29	5,63	5,96	—	—
$COOK-CH^3$..	0,98	1,072	1,003	1,03	—	—
$(COOK)^2$......	1,245	1,27	1,18	1,225	—	—
$MgSO^4$........	1,80	1,84	1,72	1,78	1,86	—
$CaCl^2$........	0,832	0,853	0,794	0,823	0,28	—

1. A. WLADIMIROFF, Zeitsch. f. physik, Chemie, t. VII, p. 534 : Nous avons choisi les données concernant la bactérie du typhus abdominal, car elles représentent les moyennes des pressions osmotiques, pour les bactéries étudiées par l'auteur.

2. L. c., t. VIII, p. 685.

A l'inspection de cette table, il est facile de s'apercevoir :

1) Qu'aux concentrations précises auxquelles débute la plasmolyse des cellules végétales, l'hématie cède sa matière colorante;

2) Que la pression osmotique des bactéries est de beaucoup supérieure à celle des cellules végétales et des hématies;

3) Que le maximum d'excitabilité des fibres musculaires de la grenouille, par certaines substances (Na Cl, Mg SO^4), coïncide avec le coefficient de pression osmotique de la cellule végétale;

4) Que les graines vertes (petits pois) sont douées d'une pression osmotique égale à celle de la cellule végétale jeune en général (les cellules dans lesquelles les matériaux nutritifs sont déjà élaborés, possèdent une pression osmotique bien supérieure); tandis que les graines mûres présentent une pression osmotique considérablement supérieure.

Par conséquent, il est de toute évidence que la pression osmotique change, dans la cellule, avec la modification de sa destination physiologique qui, à son tour, détermine une modification dans le contenu cellulaire.

D'autre part, il est clair que certains processus physiologiques sont, pour ainsi dire, sous la dépendance du coefficient isosmotique. C'est ainsi que le globule rouge, dans une solution de sel marin, commence à éliminer son hématine, aussitôt que la solution devient moins concentrée, et que, par conséquent, sa pression osmotique est un peu moins élevée que celle du liquide sanguin; les muscles réagissent plus mal dans les solutions de sel marin, dont la concentration est un peu moindre ou un peu supérieure à celle de la solution normale.

Dès lors, on comprend pourquoi chaque organisme est doué de la faculté de maintenir, dans ses sucs nutritifs et dans ses cellules, une concentration fixe des sels en solution. Dans le sang, par exemple, nonobstant les grandes variations de la quantité de sels entrant dans l'alimentation, la concentration du sel marin est toujours invariable. Le régulateur de cette concentration, dont le rôle est de maintenir la constance de la pression osmotique, n'est autre que l'enveloppe cellulaire, fonctionnant en vertu de la loi des échanges salins à travers la membrane semi-perméable du plasma.

Jusqu'à présent, le côté théorique de la question de l'osmose a été étudié, principalement, sur les membranes semi-perméables artificielles, ou sur les cellules végétales. Or, il est évident que, seule, une notion bien claire du mécanisme de l'osmose dans les organes et dans les tissus variés de l'organisme animal donnera la clef du mode d'action des facteurs morbides (produits de l'activité vitale de différentes bactéries, — toxialbumines), ainsi que des substances minérales ou végétales, introduites dans l'organisme en vue d'effets thérapeutiques.

Pour donner une idée aussi claire que possible du mode varié suivant lequel se répartissent les substances introduites dans les divers organes et tissus de l'organisme, nous citons les expériences d'Ullmann.

Cet auteur introduisait du mercure dans les organes du chien, par la voie hypodermique et stomacale.

Les résultats des différents procédés d'introduction ont été sensiblement les mêmes ; nous nous contenterons donc de deux exemples, concernant le dosage toxique, et le dosage dans les limites de l'emploi thérapeutique.

	INJECT. HYPODERMIQUE D'HUILE GRISE ; EN DEUX SÉANCES, EN TOUT 35cm3			INJECTION HYPODERMIQUE D'HUILE GRISE ; SEPT INJECT. EN TOUT 35cm3		
	poids de l'animal, en grammes	mercure retrouvé en milligrammes	quantité de mercure pour 100 gr. de substance organique	poids de l'animal, en grammes	mercure retrouvé en milligrammes	quantité de mercure pour 100 gr. de substance organique
Foie............	365,2	6,65	1,8	33,80	2,15	0,72
Reins..........	69,0	7,30	10,57	93,0	2,15	2,3
Rate...........	34,0	1,20	3,23	24,0	0,1	0,4
Estomac........	101,0	0,20	0,19	197,0	pas de traces	—
Intestin grêle....	287,0	3,20	1,11	137,0	0,2	0,01
Gros intestin.....	58,5	0,80	1,37	58,0	0,3	0,51
Muscles fessiers..	303,0	0,15	0,17	218,0	0,25	0,11
Cœur, _in toto_....	124,5	0,20	0,16	99,0	0,20	0,20
Poumons.........	203,0	0,15	0,07	265,0	—	—
Cerveau.........	82,0	traces nettes	—	67,0	traces : nettes	—
Os.............	96,5	»	—	92,0	légères	—
Glandes salivaires	25,0	»	—	28,0	»	—
Bile (vésicule)....	8,0	»	1,25	15,0	—	—

Sans doute il s'en faut de beaucoup que ces chiffres nous dévoilent les conditions dans lesquelles se font les échanges au sein de l'organisme, ni même les différents degrés de réaction exosmotique des cellules des divers

organes envers les sels mercuriques. Mais le fait même
de cette orientation des recherches dénote le réveil d'une
idée : on se rend compte de l'impossibilité de comprendre l'action, sur l'organisme, des agents médicamenteux qu'on y introduit, avant d'avoir acquis des
données de cette nature.

Quant à nous, nous avons la conviction profonde que
l'étude de l'osmose cellulaire, dans les divers organes,
n'est pas moins indispensable à l'élucidation des échanges physiologiques et pathologiques au sein de l'organisme.

III. — Les ferments.

Les grandes découvertes de Pasteur sur les microbes
nous ont révélé tout un monde d'organismes, la plupart
imperceptibles à l'œil nu, et dont la mission biologique
paraît consister, au premier abord, dans la production
des ferments. Ces organismes deviennent ainsi la cause
directe de toute fermentation, de toute putréfaction et
d'une quantité de maladies infectieuses, tant chez les
animaux que chez les plantes.

La conception du microbe est devenue inséparable de
celle du ferment qui lui est propre ; cette identification
a tellement bien pénétré la science, que plus d'un savant
a appliqué aux micro-organismes la dénomination de
ferments organisés, par opposition aux ferments non
organisés, sécrétés par les animaux ou par les plantes,
comme la diastase, la pepsine, la tripsine, etc. (Halli-
burton).

Or, à notre avis, cette manière de voir n'est pas en rapport avec les données générales de la zoologie et de la botanique, et risque de produire une certaine confusion dans les idées. Au point où en sont nos connaissances, on a le droit d'affirmer, sans crainte de se tromper, qu'il ne saurait exister dans la nature un organisme végétal ou animal — si infime ou si élevé que soit son rang dans l'échelle des êtres — qui ne produise, je ne dirai pas une, mais bien plusieurs espèces de ferments. Car ces ferments sont indispensables aussi bien à l'animal qu'à la plante, pour l'accomplissement des fonctions primordiales et inévitables de sa nutrition, — la transformation des substances en combinaisons solubles pouvant servir à la construction des tissus. Ce sont ces ferments qui transforment l'amidon, le sucre, les albumines et les graisses, — matériaux de réserve élaborés dans la plante même, et absorbés par l'animal, sous forme d'aliments, — en glucose, en peptone, etc. La seule différence est que, chez les organismes inférieurs et chez la plante, il n'existe point d'organes différenciés, destinés à la production des ferments; tandis que les animaux supérieurs en possèdent. D'ailleurs, la fonction d'élaboration des ferments ne s'écarte pas du schéma général de la vie organisée. Seulement, plus l'organisme est parfait, plus les groupes de cellules spécialisent leur rôle.

Ainsi, en produisant les ferments indispensables à leur nutrition, les microbes se comportent en réalité de la même manière que les plantes et les animaux doués de la même fonction. Et il est incontestable qu'en vertu même de son volume et de la complexité de son organisation, n'importe quel animal élabore chaque jour des ferments bien supérieurs, comme quantité et comme énergie, à ce que peut produire un microbe. Ainsi, l'appellation de ferments organisés, appliquée aux microbes, est peu justifiée.

Les seules particularités des microbes sont : 1) leurs dimensions infimes et leur multiplication extrêmement rapide, qui leur permettent de pénétrer partout et de développer un travail accumulé considérable; 2) leur propriété de ne pas garder dans leur organisme les ferments qui s'y forment, mais de les répandre dans le milieu ambiant, qui est ainsi modifié dans le sens nécessaire à la nutrition du microbe.

Mais nous resterions à mi-chemin de la vérité, si nous supposions que les êtres organisés ne produisent que des ferments digestifs. Il est, au contraire, à peu près établi qu'indépendamment de ces derniers, il existe des ferments d'un ordre tout différent.

La démonstration la plus claire de ce fait découle de l'étude du myxœdème, maladie qui dépend de l'atrophie de la glande thyroïde. Les expériences de Zesas, de Canalis, de Schiff, et particulièrement de Holz, ont prouvé que l'ablation totale du corps thyroïde détermine des accidents identiques à ceux du myxœdème. Les mêmes phénomènes ont été observés par Kocher et Reverdin sur les hommes opérés du goître. L'ablation complète de cet organe est suivie du genre de cachexie que l'on a dénommée *strumipriva*.

En tout point semblable au myxœdème, cette affection
est caractérisée par une prolifération abondante d'éléments gélatineux, qui se substitue à l'élément conjonctif
dans le tissu cellulaire sous-cutané, dans les muqueuses,
les vaisseaux, les muscles, les nerfs, le foie, les reins, le
cœur; cette affection détermine toute une série de symptômes graves : l'enflure du corps, la faiblesse des muscles,
la dépression nerveuse et intellectuelle allant jusqu'à
l'idiotie. Or, cette terrible maladie, réfractaire à tous les
moyens thérapeutiques, cède assez vite et à coup sûr,
s'il faut en croire les observations de Howitz, — confir-
mées par H. Mackenzie, Fox et L. Nielsen [1], — à l'inges-
tion du corps thyroïde de mouton cuit.

L'explication la plus plausible, à notre avis, de la fonction du corps thyroïde, a été donnée par Nielsen. Cet auteur fait observer que cette glande ne se forme qu'au
troisième mois de la vie intra-utérine, et que, jusqu'à
cette époque, le tissu cellulaire de l'embryon est composé
de mucine; le tissu conjonctif proprement dit n'apparaît
qu'au troisième mois. Il faut admettre, par conséquent,
que la glande thyroïde verse dans le sang un ferment
spécial, qui favorise la transformation du tissu à mucine
— tissu embryonnaire — en tissu conjonctif plus parfait, contenant de la gélatine. En l'absence de la glande,
le tissu conjonctif redevient embryonnaire (contenant de
la mucine).

---

1. *Monatshefte f. practische Dermatologie*, t. XVI, n° 0, p. 403. — Mur-
ray, Davies, Beathy, Corter, ont injecté sous la peau le suc du corps
thyroïde. Mandel, Wichmann. Napier, ont injecté l'extrait glycériné.

Si l'on considère que, nonobstant son volume infiniment petit, l'organisme microbien élabore, dans une seule cellule, un, et probablement même plusieurs ferments ; que cette cellule unique concentre, à l'état rudimentaire, toutes les fonctions que possèdent les animaux les plus parfaits : celles de la reproduction, du mouvement, des sensations diverses, on ne sait ce qui doit exciter le plus d'admiration, du fractionnement infini de la matière, ou du fractionnement, non moins infini de l'énergie, dans ses manifestations les plus variées.

Mais si un organisme rudimentaire unicellulaire est dans la nécessité d'élaborer, pour son compte, le ou les ferments indispensables à son existence, pouvons-nous supposer que la cellule organisée, faisant partie d'un tout plus complexe, est dispensée de ce travail? Nous ne le croyons pas. Plus l'organisme est simple, moins est considérable, au point de vue de la variété, le nombre des ferments nécessaires à sa nutrition et au développement de la cellule. Plus il est parfait, plus il lui faut de ferments pour satisfaire aux conditions complexes de la nutrition et de la formation d'organes et de tissus plus nombreux et d'une construction plus variée.

Jamais la cellule ne perd la faculté de produire les ferments indispensables à la conservation de la structure originale par laquelle elle se différencie des autres cellules. La seule fonction qui peut lui être ôtée, quand elle entre comme partie intégrante dans un organisme complexe, c'est l'élaboration des ferments dont la fonction générale intéresse l'organisme tout entier ; c'est ainsi

que, chez les animaux, la fabrication des ferments digestifs se localise dans des organes glandulaires spéciaux.
Quant aux plantes, elles en sont privées.

Les expériences pratiquées sur le corps thyroïde ont
démontré que certains organes, à destination spéciale,
sécrètent des ferments spéciaux. Mais il ne faudrait pas
en conclure que la cellule, vivante et vivace, puisse se dis-
penser d'élaborer les ferments qui déterminent sa vie in-
dividuelle, spécifique, et assurent la conservation du type
originel. Sans cela, la cellule perdrait tout caractère d'individu et s'abaisserait au rang d'une simple vésicule, dont
les propriétés varieraient avec celles du milieu ambiant.
La bactériologie, qui a porté au premier plan les ferments
à fonction digestive, ne s'est pas occupée de ceux qui
intéressent le développement ultérieur des tissus.

Dans le chapitre précédent, nous avons examiné l'importance de la concentration des solutions, sous le rapport de la pénétration, dans la cellule vivante, de l'eau et
des substances dissoutes. Nous avons vu combien nous
étions encore loin de pouvoir déterminer, même par ap-
proximation, dans les cellules de quels organes se dépose une substance, quand on l'introduit dans le sang de
l'animal; à plus forte raison ignorons-nous l'action
qu'exerce une substance donnée, une fois déposée dans
la cellule, qui malgré toute la simplicité de sa structure,
peut remplir des fonctions extrêmement variées.

Nous venons d'exprimer l'opinion que toute cellule
organisée doit être douée, entre autres propriétés, de
celle d'élaborer les ferments nécessaires à sa vie. On

n'ignore malheureusement pas les difficultés inséparables de l'extraction des ferments, et le petit nombre de ces substances que l'on est parvenu à obtenir, même à l'état de pureté relative. Si insuffisantes que soient nos connaissances, concernant la matière même et la structure chimique des ferments, il n'est pas dénué d'intérêt de connaître l'influence qu'exercent sur eux les divers degrés de concentration des substances pénétrant dans les cellules avec lesquelles ces ferments entrent en contact.

L'importance de cette question est d'autant plus grande que les ferments constituent, jusqu'à présent, la seule forme de combinaison des albumines au sujet des fonctions de laquelle nous possédions quelques notions, si vagues qu'elle soient.

Nous commencerons par l'examen de l'action de la température sur l'activité des ferments ; ce facteur est, en effet, le mieux étudié. Les recherches les plus complètes, sous ce rapport, appartiennent à Tammann [1].

Parmi un grand nombre de données intéressantes, nous choisirons celles qui concernent le degré de dépendance dans laquelle se trouve la quantité de la substance dissociée envers la température et la quantité de ferment.

L'expérience est fondée sur l'action de l'émulsine sur la salicine. Cent centimètres cubes de solution con-

1. Journal de la Société russe de Physique et de Chimie, T. XXIV, 1892, p. 699.G. TAMMANN, *Réactions des ferments amorphes* (en russe).

tiennent 3,0069 grammes de salicine; la quantité d'émulsine est notée, en milligrammes, dans la première co-
lonne. Le tableau indique le pour cent de salicine dissociée, durant une période de 24 heures.

QUANTITÉS D'ÉMULSINE EN MILLIGRAMMES	$t=0°$	$t=17°$	$t=26°$	$t=35°$	$t=46°$	$t=51°$	$t=62°$	$t=72°$
500	66,0%	77,7%	82,6%	88,0%	91,0%	91,5%	90,0%	69,5%
250	66,0	77,7	82,6	88,0	91,5	85,	77,7	66,0
125	66,0	77,7	82,6	88,0	91,4	73,5	67,7	46,4
62,5	51,8	60,0	66,6	73,5	85,0	69,5	62,9	41,3
31,2	46,4	52,0	55,0	60,0	75,C	66,0	39,4	24,4
15,6	32,6	39,5	46,5	52,0	64,0	55,4	32,2	17,0
11,7	27,2	33,7	43,5	49,3	44,5	38,8		
7,8	17,9	29,1	39,2	46,5	31,0	33,2		
3,9	11,7	22,0	34,0	24,5	24,0	19,5		

Deux faits se dégagent clairement de ces chiffres :

1) Le maximum d'action ne dépend pas uniquement
de la température, mais encore de la quantité de ferment; les quantités plus considérables de ferment produisent le maximum d'action aux températures les plus
élevées; si la quantité de ferment diminue, le maximum
d'action correspond à des températures de plus en plus
basses.

2) Quelle que soit la combinaison des températures
avec les quantités de ferment, un tracé graphique des
résultats a toujours l'aspect d'une courbe, avec un maximum et deux minima.

Supposons maintenant que nous introduisons, au lieu
de l'élément variable des températures, un autre élé-

ment variable, représenté par une substance ajoutée en concentrations diverses. Tammann a étudié l'action des produits de dissociation, et a trouvé qu'à certains degrés de concentration ces produits retardent l'action des ferments, et qu'à de grandes quantités ils peuvent même la suspendre. Le ferment peut passer alors à un état spécial d'inaction, qu'il ne conserve, d'ailleurs, qu'en présence des produits de dissociation, pour reprendre son état actif aussitôt après leur élimination.

A cet égard, les ferments manifestent des propriétés analogues à celles que revêtent les microbes vivants, dans les phénomènes tels que la suspension de la fermentation alcoolique, aussitôt que l'accumulation d'alcool atteint un certain degré ; ou tels que l'arrêt de la mammite gangréneuse, à la suite de la formation d'un excès d'acide lactique. On est tenté de se demander si cette particularité, au lieu d'être une condition physiologique de la cellule organique zymogène, ne serait pas une propriété inhérente au ferment lui-même.

Mais les variations de température et la présence des produits de dissociation, sont-ils bien les seuls agents qui déterminent la plénitude et la rapidité des réactions zymotiques ? Le mélange d'un sel quelconque, d'un acide, d'un alcali, ou de divers composés organiques, n'exercerait-il pas une influence analogue sur l'action des ferments ?

Il n'existe pas d'expériences systématiques, propres à corroborer cette hypothèse. Nous n'avons connaissance que des recherches de Wernitz, qui a déterminé les doses

maximales aptes à annuler l'action de différents ferments.
Ces recherches montrent qu'un réactif identique est loin
d'exercer la même influence sur les divers ferments[1].
Ainsi, le sublimé annihile l'action de la diastase en solution, à 1 : 50000; de la pepsine — en solution à 1 : 1766,
et du ferment de caillette à 1 : 720. Le borax, au contraire, exerce une action moins énergique sur la diastase (1 : 100) que sur le ferment de présure (1 : 1000), etc.

D'autre part, nous n'ignorons pas la sensibilité des ferments à la réaction acide ou alcaline. La ptyaline, par
exemple, agit le mieux en réaction neutre; la moindre
trace d'acide libre la rend inactive ; le suc gastrique, non
seulement suspend l'action de la ptyaline, mais la détruit. Par contre, la pepsine n'agit que dans un milieu
acide, et particulièrement en présence de l'acide chlorhydrique. La réaction alcaline est la plus favorable à
l'action de la tripsine ; ce ferment est complètement
inactif en présence d'un acide, et l'acide chlorhydrique
le détruit. Le suc gastrique voit son action enrayée par
la bile, qui favorise, au contraire, celle de l'amylopsine,
un des composés du suc pancréatique.

Il est donc évident que l'animal, tout comme fa bactérie, ne peut se nourrir que des substances réagissant aux
ferment qui lui sont particuliers. Ceci posé, on com-
prendra sans peine l'importance énorme, scientifique et
pratique, que présente l'étude exacte et détaillée de l'ac-

----

1. LANDER BRUNTON, *Handbuch der allgemeinen Pharmakologie
und Therapie*, 1893, p. 94.

tion des ferments, en présence des solutions à différents titres des substances organiques et inorganiques.

Cette considération m'a déterminé à étudier l'action des alcaloïdes sur la diastase, et j'ai reconnu que ces corps n'étaient pas indifférents.

Les expériences auxquelles je me suis livré à ce propos feront l'objet d'une communication séparée.

IV. — Rapport qui existe entre la concentration du médicament et son mode d'action.

Une opinion, de tout temps répandue chez les médecins, est celle que l'intensité d'action d'un médicament est proportionnelle à la dose. Il est admis que la diminution de la dose n'a pour conséquence que la diminution de l'effet, et ne change en rien le mode d'action; les doses minimales sont, en général, réputées inactives.

Or ce point de vue s'est trouvé trop exclusif. L'expérience de l'action des médicaments et, entre tous, des alcaloïdes, qui réagissent sur le système nerveux, nous met souvent en présence d'effets diamétralement inverses, produits par la même substance appliquée à différentes doses. Des doses élevées de digitaline accélèrent le pouls, des doses faibles du même alcaloïde le ralentissent. A doses massives, la morphine calme les alcooliques; à petites doses, elle les excite.

Pour rechercher à ce phénomène un pendant dans le domaine physiologique, disposons une expérience de la façon la plus simple. Nous versons, par exemple, dans

des verres à expérience des solutions d'acide sulfurique
à différents titres, de la saturation complète à une dilution très étendue ; nous introduisons dans ces verres,

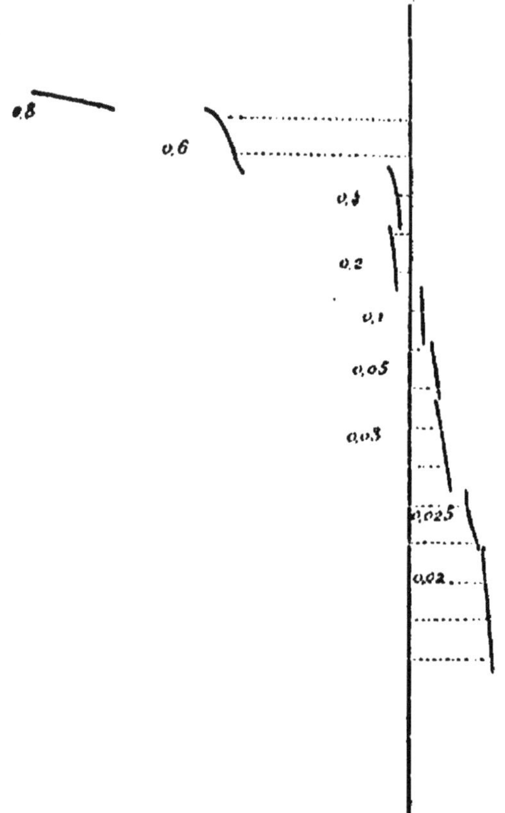

Fig. 2. — Pb — Fe dans H^2SO^4 (galvanomètre d'Arsonval). Les chiffres
indiquent le titre de la solution normale.

des tiges de deux métaux, très éloignés l'un de l'autre
dans la série de Mendéléïeff, soit le magnésium et le
platine. Nous constatons alors que, dans toutes les concentrations d'acide sulfurique, il s'établit un courant

galvanique dont le magnésium est l'électrode actif, et le platine, l'électrode passif.

Modifions maintenant notre expérience : choisissons deux tiges de métaux plus rapprochés l'un de l'autre dans la série de Mendéléïeff : le plomb et le fer, par exemple. Il en résulte que, dans les solutions fortes, le plomb joue le rôle actif, et le fer le rôle passif. Dans les solutions plus diluées — à 0,1 gramme-molécule par litre — les rôles s'intervertissent; la tige de plomb devient passive, et celle de fer active ; de plus, cette interversion ne s'opère pas subitement, mais par degrés.

Comme on le voit dans la figure 2, si nous augmentons progressivement la dilution d'un gramme-molécule par litre, jusqu'à un gramme-molécule par sept litres, nous verrons les indications galvanométriques décliner graduellement jusqu'à 0 ; puis, la dilution augmentant toujours, l'aiguille passe de l'autre côté, et remonte une certaine hauteur, si la dilution augmente encore.

Ce phénomène s'observe avec des combinaisons très différentes de métaux, plongés dans des liquides très différents aussi. Bien que la cause en soit encore mal connue, on est cependant en droit de supposer, avec beaucoup de vraisemblance, qu'il dépend surtout de la dissociation.

Dans une solution progressivement diluée, certaines substances subiraient une série variée de dissociations en ions.

Le phénomène d'interversion des électrodes de + à —, quand on les plonge dans l'acide sulfurique, s'accuse, dans notre cas, avec une grande netteté. Cela tient à ce que le phénomène dépend de deux seuls facteurs principaux : la nature des métaux et la concentration des solutions.

Au chapitre I, nous avons déjà vu, chez les plantes, des phénomènes analogues, également en relation avec la concentration des solutions. On se rappelle que les solutions concentrées tuent le végétal, ou retardent manifestement sa croissance, tandis que les solutions moins saturées restent indifférentes ; enfin les solutions extrêmement faibles stimulent souvent la végétation.

Sans doute, les phénomènes observés sur les plantes n'ont pas le même degré de netteté et de suite que ceux que l'on observe sur les métaux : car le mécanisme en est ici beaucoup plus compliqué. La substance de la graine et la concentration des solutions ne sont pas les seuls facteurs qui concourent à la croissance du végétal ; il faut compter encore avec toute une série d'autres circonstances qu'il est difficile de régulariser, comme la quantité de lumière incidente, la température, l'état hygrométrique de l'air, etc.

Il est évident que plus l'organisme est compliqué, plus nombreux sont les facteurs dont son existence exige le concours et d'autant moins devient appréciable l'influence de chacun de ces facteurs pris séparément. On conçoit dès lors la difficulté bien plus grande de l'étude de l'action des diverses concentrations médicamenteuses, quand elle s'exerce sur les animaux et surtout sur l'homme, que lorsqu'elle s'exerce sur les végétaux.

C'est justement la difficulté inhérente à ces recherches qui rend si remarquables les déductions de Hanemann. Car c'est en observant, sur l'organisme humain, l'effet des substances médicamenteuses que le père de l'homéopathie eut l'intuition de la différence d'action des solutions concentrées et des solutions fortement diluées.

Il règne actuellement deux courants distincts dans l'art médical : l'allopathie, qui s'appuie sur une expérience empirique séculaire et sur une accumulation énorme de données expérimentales, concernant l'action des solutions concentrées sur l'organisme humain, — et l'homéopathie, qui n'a pour elle que des faits empiriques sur l'action des solutions extrêmement diluées.

Ni dans la chimie, ni dans la physique, il ne saurait exister côte à côte deux séries parallèles de recherches sur les propriétés des solutions concentrées, d'une part, et des solutions fortement diluées, d'autre part. Le seul moyen d'élucider le fond de la question consiste, au contraire, à étudier les solutions, en diminuant progressivement la concentration.

Il en est de même dans le domaine de la médecine. On ne conçoit pas deux branches de cette science, vouées chacune pour son compte, à l'étude de l'action sur l'organisme humain : l'une, des substances médicamenteuses en solution concentrée ; l'autre, de ces mêmes substances en solutions très étendues. Seules, des recherches précises sur l'action des solutions dans leurs gradations, de la saturation à la dilution étendue, pourront donner la mesure du phénomène dans toute sa plénitude, à condition qu'on y applique les méthodes physiques scientifi-quement établies.

Tout ce que nous venons d'exposer met suffisamment en lumière les lacunes qui existent dans nos connaissances, et dont nous avons déjà parlé au début de cet article.

Ces lacunes, les voici :

1) Les recherches sur la perméabilité, à l'égard de cer-taines substances, de l'enveloppe des cellules de diffé-rents tissus et organes, sont insuffisantes.

2) Nous manquons de notions sur les coefficients iso-tomiques de différentes substances, à l'égard des cellules d'organes et de tissus divers.

3) Nous ne possédons que peu de données concernant l'influence des corps chimiques sur l'action des ferments.

4) Les ferments, autres que ceux qui président au pre-mier acte de la nutrition (ptyaline, pepsine, tripsine, etc.), c'est-à-dire, les ferments liés aux phénomènes plus in-times de la formation des tissus, nous sont presque in-connus.

Tel le ferment du corps thyroïde. Il en est de même des ferments inhérents à toute cellule organisée, vivante.

Les inoculations expérimentales de microbes patho-gènes aux animaux de genres zoologiques différents, et même du même genre, mais de races différentes, ont démontré que la prédisposition au contage n'était pas la même pour tous. Il suffit de citer la façon différente dont se comportent les moutons algériens et les moutons français envers le charbon ; le bétail à poils gris et à poil bigarré envers la peste bovine, etc. Ainsi, une différence dans le chimisme et dans la structure des tissus — tellement minime qu'elle n'existe pour ainsi dire pas pour nous, et qui, dans tous les cas, échappe absolument à notre observation — suffit pour déterminer chez un individu une prédisposition à la contamination, et pour rendre un autre individu réfractaire.

Nous avons vu qu'une variation infinitésimale dans la concentration d'une solution change les effets jusqu'à les rendre inverses. Une solution de chlorate de potasse à 1 °/₀ est inactive à l'égard du globule rouge ; au titre de 1,04 °/₀ cette solution dépose l'hématie dans un liquide incolore ; à 0,96 % l'hématie perd sa matière colorante.

Un pois vert conserve son poids dans une solution à 1,5 % ; mais il suffit d'une variation insignifiante de la concentration en plus ou en moins, pour déterminer une augmentation de poids (prédominance de l'endosmose) ou une diminution (prédominance de l'exosmose).

Dans un article prochain, qui traitera de l'électrolyse, nous aurons encore plus d'une fois l'occasion de parler de faits analogues. Ils mettent en lumière les procédés en vertu desquels la nature utilise les facteurs les plus infimes, telles les variations insignifiantes de concentration, pour obtenir des résultats tout différents. Mais avant d'emprunter à la nature les instruments dont elle se sert pour réaliser avec des moyens si minimes des effets si considérables, l'homme devra se familiariser avec la valeur de ces facteurs infimes.

Tableau A. — I. [1]

	CONTROLE	TITRE DE LA SOLUTION														CONCENTRATION ABSOLUE
		1 : 32.000	1 : 16.000	1 : 8.000	1 : 4.000	1 : 2.000	1 : 1.000	1 : 500	1 : 200	1 : 100	1 : 50	1 : 30	1 : 10	1 : 4	1 : 2	
Acide sulfurique	$\frac{3}{6}$					III $\frac{1}{0,1}$	0 $\frac{0}{0}$	0 $\frac{0}{0}$								
Acide chlorhydrique	$\frac{3}{5}$					X $\frac{2,5}{4}$	IX $\frac{7}{0,2}$	I $\frac{0,5}{0}$								
Acide azotique	$\frac{3}{6}$					VIII $\frac{4}{1,5}$	V $\frac{1,7}{0,1}$	II $\frac{1}{0}$								
Acide phosphorique anhydre	$\frac{3,5}{2}$				VIII $\frac{2,5}{3,5}$	X $\frac{1,5}{0,6}$	II $\frac{0,1}{0}$	0 $\frac{0}{0}$		0 $\frac{0}{0}$						
Acide picrique	$\frac{3}{3}$				VIII $\frac{1,7}{2}$	II $\frac{0,5}{0}$	I $\frac{0,5}{0}$									
Acide oxalique	$\frac{3}{6}$					VI $\frac{4}{7}$	II $\frac{1,5}{2}$			I $\frac{1}{0}$						
Acide acétique glacial	$\frac{2,5}{7}$				VIII $\frac{2}{3}$	I	I $\frac{1,5}{1,5}$	0 $\frac{0}{0}$								
Acide phosphomolybdénique	$\frac{3}{5}$							X $\frac{3}{3,5}$	VI $\frac{2,5}{2,5}$	VIII $\frac{2}{2}$						

1. Les chiffres romains indiquent le nombre de graines *germées*, sur 10. — Le numérateur de la fraction indique la longueur de la tige, en centimètres. — Le dénominateur indique en centimètres la longueur de la racine.

Tableau A. — II.

	CONTRÔLE	TITRE DE LA SOLUTION														CONCENTRATION ABSOLUE
		1:32.000	1:16.000	1:8.000	1:4.000	1:2.000	1:1.000	1:500	1:200	1:100	1:50	1:20	1:10	1:5	1:2	
Acide valérianique	3/4		VII 3/7	VIII 3/1	X 3.5/0.7	VIII 2.5/0.5	I 1.7/0.1	0 0/0	0 0/0	0 0/0						
Acide urique	3/6	IX 3/4	VII 3.5/2.5	VII 3/3.1	VIII 3/3	VIII 3.5/3	IX 3/3	VII 3/3								
Azotate de potasse	3.5/5				X 4/6		X 4.5/7	X 4.5/7	VIII 4.5/3.5	VIII 2.5/2.5						
Phosphate de potasse	3.5/5				3.5/4	3.5/4	3.5/4	3.5/4		2/2						
Chlorate de potasse	4/7						X 3/5	VIII 3/3	VII 3/2	VII 2/1						
Bromure de potassium	3.5/7		IX 4.5/8	IX 3.5/7	IX 4/5	X 4/4	VIII 3.5/4	X 3/3	VIII 3/4	IX 3/2						
Arséniate de potasse	3.5/8			IV 2/0.1	II 1.6/0	0 0/0	0 0/0	0 0/0	0 0/0	0 0/0						
Carbonate de soude	3/4				3/6		3/5	2.5/2		0 0/0						
Chlorure de sodium							VIII 3.5/6	IX 3.5/5	VII 2.5/2	III 1/1						

Tableau A. — III.

	CONTRÔLE	TITRE DE LA SOLUTION														CONCENTRATION ABSOLUE
		1 : 32.000	1 : 16.000	1 : 8.000	1 : 4.000	1 : 2.000	1 : 1.000	1 : 500	1 : 200	1 : 100	1 : 50	1 : 20	1 : 10	1 : 5	1 : 2	
Chlorure de lithium....	2,5/7					VI 1,5/2,5	0 0/0	0 0/0	0 0/0							
Chlorure de chaux.....							VIII 4/5	VI 2,5/6	VII 2,5/2,5	IX 1,5/1,5						
Chlorhydrate d'ammoniaque..............	3,5/3,5				2,5/3		IX 2/3	VIII 1,5/2		IV 0,1/0						
Sulfate de magnésie....	3/5					IX 3,5/5	3,5/5	X 3,5		IX 2,5/2,5						
Chlorure d'aluminium..	3,5/7					VI 1,5/0,5	VI 1,5/0,3	VI 0,5/0,5	II 0,5/0							
Chlorure d'étain......						V 2/0,5	0 0/0	0 0/0	0 0/0							
Perchlorure de fer.....	3,5/7					V 1,5/0,3	1 0,1/0	1 0,5/0,1								
Sulfate de peroxyde de fer.................									0 0/0							
Sulfate de protoxyde de fer.................	3/7				IX 2/3	1	V 1,5/0,5	X 1,5/0,1		II 0,5/0						

Tableau A. — IV.

	CONTRÔLE	1 : 32.000	1 : 16.000	1 : 8.000	1 : 4.000	1 : 2.000	1 : 1.000	1 : 500	1 : 200	1 : 100	1 : 50	1 : 20	1 : 10	1 : 4	1 : 2	CONCENTRATION ABSOLUE
							TITRE DE LA SOLUTION									
Azotate de fer.........									0 0/0							
Tartrate de fer.........									1 0,5/0							
Acétate de fer.........	3.5/7								0 0/0							
Saccharure de fer......									VIII 1/2							
Albuminate de fer.....									VIII 4,5/6							
Ferrocyanure (ou ferri-cyanure) de potassium	3/3				IX 1.5/0,1		VI 0,5/0	III 0,1/0		0 0/0						
Tartrate de soude......	3/7						IX 5.5/7	VII 1/6		X 2.2/2						
Sulfate de cuivre.... .						II 2/0,8	II 1/0,8	I 0,5/0								
Chlorure de cuivre.....							II 0,1/0	III 0,1/0		III 0,1/0						

Tableau A. — V.

TITRE DE LA SOLUTION

	CONTRÔLE	1 : 32.000	1 : 16.000	1 : 8.000	1 : 4.000	1 : 2.000	1 : 1.000	1 : 500	1 : 200	1 : 100	1 : 50	1 : 20	1 : 10	1 : 5	1 : 2	CONCENTRATION ABSOLUE
Bichlorure d'hydrargyre	4/8	X 4,5/9	IX 4/8	VIII 3,5/7	IX 3/5	IX 3/1	X 2,7/0,5	II 1/0,5								
Chlorhydrate de quinine	3,5/5		3,5/6	3/6	VIII 3,2/4	X 2,5/0,5	IX 1,5/0,1	III 1/0	0 0/0	0 0/0						
Sulfate de quinine	3/6		3/5	3,2/4	3/4	3/1	IX 2,5/0,2	VI 1/0								
Valérianate de quinine	3/5	3/5	3/5	3/5	X 3/3	X 2,3/0,5	VI 1,5/0,1	1 1/0	0 0/0							
Chlorhydrate de morphine	3,5/7					IX 3/4	VI 2,5/2	IX 2/1		I 1/0,1						
Sulfate d'atropine	3,5/7					X 3/5	IX 2,7/4	X 2,7/5		X 1,5/0,2						
Caféine	3/7				VIII 2/1	IX 1,5/0,5		0 0/0								
Chlorhydrate de cocaïne	3/5			IX 3,5/6	IX 3,5/6	IX 3,5/5	VIII 3,5/7	VII 3,5/7		VIII 1/0,7						
Chlorhydrate de pilocarpine	3,5/4					VIII 2,5/8	VII 2,7/8,5	X 2,5/8,5		X 1/5						

Tableau A. — VI.

	CONTROLE	1 : 32.000	1 : 16.000	1 : 8.000	1 : 4.000	1 : 2.000	1 : 1.000	1 : 500	1 : 200	1 : 100	1 : 50	1 : 20	1 : 10	1 : 4	1 : 2	CONCENTRATION ABSOLUE
						TITRE DE LA SOLUTION										
Sulfate de strychnine..	3/7		X 3/7	VI 3,5/4	IX 3,5/7	IX 3/4	X 3/3	IX 3/2	IX 1/0,5	0 0/0						
Uréthane.............			4/7	4/7	4/7	4/5	X 4/5	IX 4/5		VI 0,5/2						
Ammoniaque caustique.	3/4					VII 3/4	11 2/2	0 0/0								
Sucre de canne........	4/7											3,5/7	2,5/4			
Lévulose.............	4/7			4/10	4/10	4,5/10	3,5/11	4/11		3,5/11	4,5/5	2,5/6				
Dextrine.............	3/5									4/5						
Mannite..										4/6						
Lactose..............	3,5/7								3,5/6	3/8,5	2,5/8					
Gomme arabique.......	3/6									4/10						

Tableau A. — VII.

	CONTROLE	TITRE DE LA SOLUTION														CONCENTRATION ABSOLUE
		1 : 32.000	1 : 16.000	1 : 8.000	1 : 4.000	1 : 2.000	1 : 1.000	1 : 500	1 : 200	1 : 100	1 : 50	1 : 20	1 : 10	1 : 4	1 : 2	
Arbutine	3/7									0,5/0,5	0,3/0,1					
Salicine	3,5/8	3,5/7	3,5/9	3,5/8	3,5/10	4/8	X 4/6	IX 4,5/5	VIII 3,5/5	VII 3/3						
Phloroglucine	3,5/7		4/12	4/12	4,3/12	4/10	3,5/6	VIII 1,7/0,7	V 0,5/0,1							
Albumine d'œuf	4,5/7			VIII 5/7			VII 5,5/8	VIII 5/8,5	.	VIII 5/6						
Caséine	3,5/7		IX 4,2/8	VIII 4/9	IX 5/8	IX 4,5/8	VII 5/7	XI 5/8	VIII 5,2/10	X 6/7						
Peptone	3,5/7		4/7	X 3,5/6	X 4/7	VIII 5,5/5	X 5,5/4	VII 5/3,5		VII 1,0/0,2	III 0,5/0	0 0/0				
Plasma sanguin	3,5/8							VIII 3,5/7		VII 4,5/6			VII 3,5/4,5		V 1,5/0,7	V 0,3/0,1
Asparagine							5/5	4/4		1,5/0,2	1/0					
Urée puro	3/5,4		X 3,5/6	VIII 3/7	IX 4/8	X 3,5/5	VIII 4/5	VII 3,5/5,5		IX 3,5/5						

Tableau A. — VIII.

	CONTROLE	TITRE DE LA SOLUTION														CONCENTRATION ABSOLUE
		1 : 32.000	1 : 16.000	1 : 8.000	1 : 4.000	1 : 2.000	1 : 1.000	1 : 500	1 : 200	1 : 100	1 : 50	1 : 20	1 : 10	1 : 5	1 : 2	
Diastase	3,5/7			5/8	IX 4,5/8	VII 4/8	VI 5/8	VIII 5,5/7	5,5/5	VIII 5,5/5						
Ptyaline active	4/7	VII 3,5/6	VIII 4/7	IX 3,5/8	X 3,5/7	X 4,2/8	IX 4/1	IX 5/7	VIII 4/1	VI 2/0,2	II 0,3/0,1					
Suc gastrique de chien.							4/7	4/7		4,5/8			1,5/0,5			
Pancréatine Witte	3,5/5		4,5/8	4,5/7	4,5/8	5/5	5,5/7	6/5	5/6	1,5/2	1,5/1					
Papaïne	3,5/7		5/7	4/7	5/6	1,5/8	4,5/8	5,5/6	5/3	2,5/0,2						
Chlorophylle (teinture alcoolique)	3,5/7		IX 4/10	IX 4/10	IX 4/9	VI 3,5/7	V 2,5/3	1 1,5/1,8	0 0/0							
Extrait d'alconée	3,5/7		4/10	X 3/10	VIII 4/8	IX 2,5/10	IV 1,7/1,7									
Hélianthine	3,5/8			VIII 3,5/13	X 3,5/13	VIII 4/13	VII 4/3	VIII 3,5/3								
Chloral hydraté	3/5		VII 2,3/6	X 1,5/6	IX 1/5	VII 0,5/2	IX 0,5/0,5	VI 0,5/0,1		0 0/0						

Tableau A. — IX.

	CONTROLE	1 : 32.000	1 : 16.000	1 : 8.000	1 : 4.000	1 : 2.000	1 : 1.000	1 : 500	1 : 200	1 : 100	1 : 50	1 : 20	1 : 10	1 : 4	1 : 2	CONCENTRATION ABSOLUE
						TITRE DE LA SOLUTION										
Créosote.............			VII 4/7	V 1,2/4	I 0,5/0	0 0/0										
Xylol................	3,5/4		4/4,5	IX 4/4,5	IX 4,5/5	VIII 4,5/5	X 3,5/3	IX 4/2,5	VIII 4,5/3	IX 4/3	VIII 3,5/3,5					
Essence d'anis........						%/o	%/o	%/o	%/o							
Essence de térébenthine						%/o	%/o	%/o								

IV

ARTICLE SANS TITRE [1]

(Expériences d'électrolyse).

Plus nos connaissances concernant le rôle étiologique des micro-organismes dans beaucoup de maladies infectieuses, prennent de l'extension, plus se multiplient les problèmes nouveaux que nous pose chaque jour la pathologie expérimentale, et que les méthodes de recherches actuelles sont souvent insuffisantes à résoudre.

Mais c'est surtout quand il s'agit de déterminer les phénomènes chimiques qui se déroulent dans les organes divers de l'animal intoxiqué, durant sa vie, que cette insuffisance apparaît dans toute son évidence. Nous avons inoculé à un animal la culture d'un microbe pathogène ; qu'il meure ou qu'il guérisse, nous observons dans l'un ou l'autre cas un ensemble de *symptômes* morbides, réactions de l'organisme vivant aux modifications chimiques apportées dans ses humeurs par la multiplication et la nutrition du microbe. Ce ne sont, en somme, que des formules physiologiques. Quels sont donc les processus chimiques qui s'opèrent ? Quels sont les organes et les tissus qui prennent part à ce chimisme anormal ?

Ces questions restent sans réponse. Nous connaissons

1. Avec 34 photogrammes, reproduits par la gravure.

le début, nous connaissons la terminaison ; mais le terme moyen nous échappe. Tout ce qui se passe, dans le milieu organique, entre le début, qui est l'inoculation, et la terminaison, qui se dévoile à l'autopsie, toute cette période, la plus intéressante, la plus importante pour nous, demeure à l'état de problème à peu près inabordable.

Ce n'est pas, à proprement parler, le tableau d'ensemble de la maladie qui constitue ce problème ; car, dans la grande majorité des cas, la physiologie moderne nous donne des symptômes isolés une explication générale suffisamment approximative, si ce n'est toujours rigoureuse. Mais cette altération du chimisme, conséquence de l'activité vitale des bactéries, et source des anomalies fonctionnelles qui se produisent dans les divers organes, nous est encore totalement inconnue.

Voilà pourquoi, en dépit de tous les progrès de la bactériologie (cause, début), de l'anatomie pathologique (terminaison), et de la physiologie (côté extérieur du terme moyen) ; en dépit des retentissantes découvertes de la chimie pharmacologique, qui crée chaque jour une infinité de médicaments nouveaux, la maladie, comme entité, reste aussi énigmatique, et le but final, qui est la thérapeutique, aussi éloigné de nous qu'il l'était aux temps d'Hippocrate.

Les modifications des processus chimiques au sein de l'organisme, sous l'influence de la vie des microbes, ne sont pas plus explicables pour nous que les modifications produites par n'importe quel agent médicamenteux que nous prescrivons dans un but thérapeutique. Il en résulte qu'une action rationnelle, par les médicaments, sur la vitalité des microbes est hors de nos moyens, et le sera encore jusqu'au jour où l'étude de l'un et de l'autre facteur deviendra chose possible.

Mais, cette étude, comment la réaliser? Comment, sans détruire la vie de l'organe ou du tissu, suivre pas à pas sur l'animal vivant les processus chimiques dans leurs modifications intimes?

Pendant que les recherches géniales de Pasteur sur les micro-organismes, tout à fait étrangères au début aux questions médicales, transformaient radicalement, par leur développement ultérieur, les conceptions étiologiques *des maladies infectieuses*, en dévoilant leur *pourquoi* matériel, — de grandes découvertes, également en dehors de toute idée médicale, s'opéraient dans la sphère de la physique et de la chimie. A ces découvertes capitales, à l'étude méticuleuse des questions de détail, aux brillantes généralisations des lois physiques et chimiques appartient maintenant la tâche de résoudre le *comment* du processus morbide lui-même.

Il suffit de rappeler la conception géniale de Mendéléieff sur le système périodique des éléments, les recherches de Van-t'Hof, d'Arrénius, de Kohlrausch, de Hittorf, de Helmholtz, d'Oswald, de Drechsel et de tant d'autres, sur la théorie de l'électrolyse, pour se rendre compte du chemin déjà parcouru dans cette direction.

Je me propose d'examiner maintenant si, profitant des progrès actuels de la chimie et de la physique, il est possible d'aborder l'étude des phénomènes chimiques qui s'opèrent dans l'organisme vivant. Sans prétendre résoudre le problème, nous nous efforcerons du moins d'indiquer la voie par laquelle on arriverait peut-être à des données suffisamment exactes pour étayer des déductions pratiques.

Comme procédé d'analyse des solutions qui contiennent des composés passibles de se dissocier en ions, nous proposons la détermination de l'anion et du cathion, sur les données suivantes[1].

Détermination de l'anion.

Prenons deux éprouvettes à fond plat, ou deux petits verres, et remplissons-les d'une dissolution à 5 % de sulfate de cuivre; plaçons dans l'un des récipients une tige d'aluminium et une tige de magnésium, et, dans l'autre, une tige d'aluminium et une tige de zinc. Si nous interposons un galvanomètre entre les deux *éléments galvaniques* ainsi formés, nous verrons que, dans le premier et dans le deuxième couple, les aluminiums jouent le rôle de lames passives (anode), tandis que le magnésium et le zinc jouent celui de lames actives (cathode).

Au contraire, si nous plongeons ces mêmes couples : aluminium-magnésium et aluminium-zinc, dans une dissolution de potasse caustique, nous constatons, dans

---

1. Faraday, dans ses travaux sur l'électrolyse chimique, a appliqué le terme *ion* (ἴον, de εἶμι) aux produits de la dissociation d'un composé par le courant galvanique. Le corps qui se porte au pôle positif (anode) s'appelle *anton*, celui qui se porte au pôle négatif (cathode) s'appelle *cathion*. (*Note du traducteur.*)

les deux cas, que les aluminiums représentent les lames
actives, tandis que le magnésium et le zinc restent lames
passives.

Nous nommerons cette expérience: *Recherche de la
force électromotrice, engendrée par l'accouplement de métaux
différents*.

Plongeons dans une solution d'acide sulfurique
(0,1 normal) deux tiges de magnésium, et mettons-les en
communication avec un galvanomètre. Nous observons
le phénomène suivant: l'aiguille du galvanomètre exécute des évolutions rapides, comme convulsives, tantôt au
delà tantôt en deçà de la division zéro. Nous pouvons observer cette aiguille pendant des heures entières; elle ne
s'arrête nulle part, si ce n'est pour quelques secondes;
après quoi elle recommence ses bonds à droite et à
gauche.

La figure 1 [1] représente une épreuve photographique
des oscillations du galvanomètre, engendrées par deux
tiges de magnésium plongeant dans une solution normale au 0,1 d'acide sulfurique [2].

Chaque centimètre de la ligne zéro correspond à une
période de 20 minutes. On comprend qu'avec un mouvement aussi lent du châssis, toutes les menues oscillations

1. Voir à la fin du volume.
2. Les épreuves photographiques ont été obtenues exclusivement
avec le galvanomètre à miroir d'Arsonval. Son apériodicité rigoureuse permet d'être sûr que chaque déviation du miroir correspond
à une modification de la force ou de la direction du courant. De
tous les appareils photographiques de Richard, à Paris, le plus
commode est l'appareil à châssis coulant. On trouve sa reproduction dans le *Manuel* d'Hospitalier, t. I, page 221.

se confondent en une large raie commune, et que, seules, les oscillations les plus amples deviennent distinctes. Pour une étude plus rigoureuse, il faudrait donc imprimer au châssis un mouvement beaucoup plus rapide. De plus, ce mouvement doit être d'autant plus accéléré que les oscillations de l'aiguille galvanométrique sont plus rapprochées. Malheureusement, le papier photographique n'atteint pas encore la sensibilité nécessaire à ce genre d'étude.

Nous avons apporté au galvanomètre d'Arsonval les modifications suivantes : 1) un miroir supplémentaire (sur un cylindre en fer) a été ajouté, pour obtenir la ligne zéro; 2) on a fixé aux extrémités de l'aimant des planchettes en bois, qui ne permettent pas au miroir de dépasser, dans ses oscillations, le champ du châssis, et préviennent la disparition inutile du rayon, ainsi que la torsion nuisible du fil de platine.

Si, au lieu de deux tiges de magnésium, on trempe dans la solution d'acide sulfurique deux tiges d'aluminium, reliées au galvanomètre, l'aiguille, après une oscillation insignifiante, s'arrête au zéro.

Substituons à la solution d'acide sulfurique une dissolution de potasse caustique à 5 °/₀. Les phénomènes seront diamétralement opposés : deux tiges de magnésium n'excitent aucun mouvement oscillatoire du galvanomètre; deux tiges d'aluminium provoquent, au contraire, des oscillations constantes (fig. 2). Nous appellerons cette expérience : *Étude de la force électromotrice engendrée par deux lames de métal identique.*

Prenons trois petites éprouvettes à fond plat, garnies d'une solution à 1 % d'acide sulfurique. Nous plongeons dans la première deux tiges de platine, reliées au galvanomètre ; dans la seconde, une tige de platine et une tige de magnésium ; enfin, dans la troisième, une tige d'aluminium et une tige de platine. Faisons passer à travers ces trois couples ainsi formés le courant de deux éléments de Ver (1,5 volts).

Le galvanomètre donnera la série d'indications suivantes :

Avec deux tiges de platine..................	7,0	milliamp.
Platine relié à l'anode, zinc relié au cathode	0,4	»
Platine relié au cathode, zinc relié à l'anode	35,0	»
Platine relié à l'anode, aluminium relié au cathode..	0,0	»
Platine relié au cathode, aluminium relié à l'anode..	0,1	»

La même expérience, répétée avec une dissolution à 1 % de potasse caustique, donne :

Avec deux tiges de platine..................	3,5	»
Platine relié à l'anode, zinc relié au cathode	0,8	»
Platine relié au cathode, zinc relié à l'anode	0,8	»
Platine relié à l'anode, aluminium relié au cathode..	1,2	»
Platine relié au cathode, aluminium relié à l'anode..	9,0	»

Nous appellerons cette expérience : *Étude de la force électromotrice du courant continu, avec électrodes combinés de métaux différents.*

Il nous reste à expliquer la signification de ces trois manipulations expérimentales, pour la détermination de l'anion de la dissolution donnée.

Détermination de l'anion par l'étude de la force électro-motrice engendrée par la combinaison de métaux différents.

Prenons une série des métaux les plus usuels et disposons-les dans l'ordre du système périodique de Mendéléïeff; inscrivons en regard de chacun leur chaleur de combinaison avec O, avec Cl et avec SO^4. Il en résulte le tableau suivant :

MgO,H^2O....	149,8	$MgCl^2$......	187,0	$MgSO^4$.....	180,0
ZnO,H^2O	82,68	$ZnCl^2$......	112,8	$ZnSO^4$......	106,08
CdO,H^2O . ..	65,68	$CdCl^2$......	96.2	$CdSO^4$.....	89,48
$Al^2O^3,3H^2O$..	$130,5\times3$	$AlCl^3$......	$152,6\times3$	$Al^2(SO^4)^4$..	$151,5\times3$
SnO,H^2O	68,09	$SnCl^2$......	81,2		
PbO,H^2O	53,1	$PbCl^2$......	78,4	$PbSO^4$.....	61,8
FeO,H^2O	68,3	$FeCl^2$......	100,0	$FeSO^4$.....	79,7
NiO,H^2O.....	61,4	$NiCl^2$......	93,6	$NiSO^4$.....	87,6
CuO,H^2O	36,8	$CuCl^2$.	62,6	$CuSO^4$.....	53,2
Ag^2O........	5,9	$AgCl$.......	29,3	Ag^2SO^4....	20,3
PtO........	15,0				

De deux ou de plusieurs réactions qui peuvent se produire dans des conditions données, celle qui dégage le plus de chaleur aura presque toujours lieu, de préférence à l'autre. D'autre part, c'est l'énergie calorique d'une réaction chimique qui représente le principal facteur de l'intensité du courant dans un élément galvanique. Il en résulte que, si nous composons des couples galvaniques avec les métaux énumérés plus haut, nous pouvons prévoir d'avance lequel des deux métaux jouera le rôle actif (cathode) et le rôle passif (anode).

En effet, il suffit de contrôler cette proposition, en soumettant les métaux en question à l'action d'une solution d'acide chlorhydrique à 10 %, pour en voir la confirmation expérimentale. Le magnésium, qui, dans sa combinaison avec le chlore, dégage le plus de calorique, jouera le rôle de lamelle active, si nous l'accouplons avec n'importe lequel des métaux qui viennent après lui dans la série. Le zinc sera lamelle active avec tous les métaux, excepté le magnésium et l'aluminium, — qui dégagent plus de chaleur dans leur combinaison avec le chlore, etc. Les mêmes phénomènes se produiront si l'on remplace HCl par toute autre combinaison dans laquelle l'anion est représenté par le chlore.

Tout autres seront les résultats, si l'on plonge les couples en question dans un liquide différent, dont l'anion sera autre que le chlore : une dissolution de potasse caustique, par exemple, qui a pour anion HO. Malgré la grande quantité de calorique dégagée à la naissance de la combinaison $Mg\,(HO^2)$, un couple formé de magnésium et d'un des métaux inférieurs de la série ne produit qu'une déviation insignifiante du galvanomètre, et, dans le couple Mg-Al, le magnésium représente la lamelle passive. Au contraire, dans l'acide sulfurique, ainsi que dans tous ses sels, nous voyons Al jouer le rôle de lamelle passive, lorsqu'il est accouplé avec les métaux dont la combinaison avec SO^4 donne lieu à un dégagement de calorique inférieur à celui que produit la formation du sulfate d'aluminium.

Dans la première éventualité, c'est-à-dire avec la potasse caustique, le peu d'ampleur des déviations de l'aiguille galvanométrique, en présence du couple Mg-M, dépend de l'insolubilité de l'oxyde de magnésium dans les alcalins ; de même l'ampleur des déviations, en présence du couple Al-M, est en rapport avec la grande solubilité de l'oxyde d'aluminium dans ces mêmes alcalins. Ceci explique pourquoi l'aluminium représente la lamelle active, même en combinaison avec le magnésium.

Dans la deuxième éventualité — immersion dans l'acide sulfurique — les rôles se trouvent intervertis. En vertu de son insolubilité dans l'acide sulfurique, l'aluminium commence à devenir passif avec les métaux dont la chaleur de combinaison avec l'acide sulfurique est moindre, comme le Zn et le Cd; accouplé aux autres métaux, il donne des indications galvanométriques limitées hors de proportion.

Profitant de ces données, nous pouvons aisément distinguer un alcalin caustique de n'importe quel acide, organique ou inorganique, ainsi que de ses sels. Le procédé est simple.

Établissons trois couples : Mg-Pt, Zn-Pt et Al-Pt; plongeons-les dans trois éprouvettes contenant une dissolution de KHO, ou d'un autre alcali caustique, et notons, ou, ce qui vaut mieux, photographions les indications galvanométriques pour chacun des couples (on obtient un photogramme en reliant chaque couple à un galvanomètre d'Arsonval).

Il en résulte la figure schématique suivante :

Le couple Mg-Pt donne une déviation égale à *ab*; le couple Zn-Pt, à *ac*; le couple Al-Pt, à *ad*. Si l'on joint par une ligne commune les points d'arrêt du galvanomètre, on obtient une figure triangulaire à sommet supé-

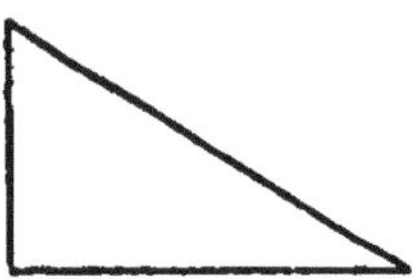

rieur et base inférieure qui peut servir de symbole pour désigner l'alcali caustique, dans l'étude méthodique des couples Mg-Pt, Zn-Pt et Al-Pt. Au contraire, quels que soient l'acide, ou les sels acides que nous introduisions dans l'expérience avec les couples Mg-Pt, Zn-Pt et Al-Pt, la figure obtenue est un triangle à base supérieure, c'est-à-dire l'inverse ; et ceci par le fait que les indications du

couple Mg-Pt sont les plus grandes ; puis, suivront celles du couple Zn-Pt; celles de Al-Pt sont toujours les moins amples. L'angle du sommet du triangle est d'autant plus aigu,

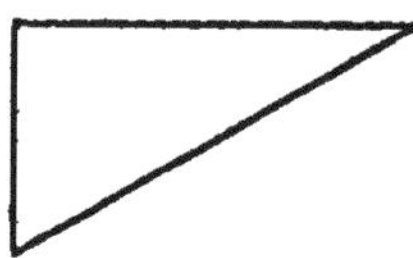

que l'aluminium est moins soluble dans l'acide expérimenté. Si l'on emploie HCl avec le couple Pt-Al, la déviation du miroir galvanométrique n'est que peu inférieure à celle que l'on observe avec le couple Zn-Pt.

La force électromotrice que nous recherchons dans la solution alcaline caustique est celle de l'anion HO. On comprend qu'il serait erroné de confondre les indications que le galvanomètre fournit en pareil cas, avec celles que donnent le papier de tournesol, le phénolphtaline, etc., réactifs usuels des alcalins. En effet, dans les liquides à réaction alcaline accentuée (les dissolutions des carbonates alcalins, par exemple), le galvanomètre révèle la présence de l'acide carbonique par des indications différentes de celles qui caractérisent HO de l'alcali caustique. De même, en raison de la grande affinité du magnésium pour les acides, la moindre addition d'un acide quelconque à une dissolution, même peu saturée, d'un alcali caustique, influence immédiatement les indications données par le couple Mg-Pt.

Il est probable que ce procédé, perfectionné par une étude plus complète, fournira les moyens de doser les acides ajoutés à un alcali caustique.

Nous venons d'exposer la manière de s'y prendre pour distinguer l'anion OH (de l'alcali caustique) d'avec tous les autres anions des acides et de leurs sels. Il nous reste à démontrer le procédé de différenciation des acides entre eux.

On a vu que dans un acide — comme l'acide chlorhydrique, dans lequel les métaux que nous avons choisis donnent, par leur combinaison avec le chlore, des produits solubles — les indications fournies par la force électromotrice sont en rapport avec la chaleur de combinaison du métal donné avec le chlore. On a vu, de même, que l'aluminium, par exemple, soumis à l'action de l'acide sulfurique, n'obéit pas à cette règle, car il est insoluble dans cet acide.

Nous mettons cette donnée à profit pour instituer l'expérience suivante :

Prenons un métal dans le quatrième groupe de Mendéléieff, le plomb par exemple; accouplons-le avec les autres métaux. Plongeons successivement les couples ainsi formés dans des solutions de HCl ou de ses sels.

Les tiges des métaux expérimentés, mises en rapport avec le galvanomètre, donneront lieu au photogramme fig. 3 (solution $Az H^4 Cl$, à 0,5 %).

Nous voyons que Mg, Zn, Al et Fe, accouplés à Pb, remplissent le rôle de lamelle active (indications galvanométriques à droite du photogramme); l'écart avec la ligne de repère (0) va en diminuant progressivement. Sn et Ni donnent un écart presque nul; Cu, Pd, Pt et C jouent le rôle de lamelle passive (indications galvanométriques à gauche du photogramme).

La même expérience, avec la dissolution $(Az H^4)^2 SO^4$ à 0,5 % (fig. 4), montre que Mg, Zn et Fe sont lamelles actives, et que Al laisse l'indicateur du galvanomètre à zéro.

Les photogrammes sont identiques avec les dissolutions à 0,5 % de $Az H^4 Az O^3$ et $(Az H^4)^2 H PO^4$ (fig. 5 et 6); c'est-à-dire que, seuls, Mg et Zn jouent le rôle de lamelles actives.

Dans $(Az H^4)^2 Cr O^4$ à 0,5 % (fig. 7), les indications sont analogues aux précédentes, en ce que Mg et Zn sont lamelles actives; mais avec cette différence que, dans cette dissolution, l'écart produit par Mg est beaucoup moins étendu que celui produit par Zn, contrairement à ce que l'on observe avec tous les autres acides.

Si l'on répète les mêmes expériences avec les acides organiques, il en résulte que ces acides peuvent se répartir en deux groupes.

Le premier groupe est constitué par les acides riches
en oxygène, comme les acides formique, acétique, oxalique, dans lesquels, à l'instar de tous les acides, Mg et
Zn se révèlent lamelles actives, tandis que Fe donne, au
début de l'expérience, un trait qui coupe de gauche à
droite la ligne zéro (fig. 8 et 8 bis) et, quelque temps
après, se cantonne au côté droit.

Le deuxième groupe est constitué par les acides peu
oxygénés, comme l'acide valérianique (fig. 9), avec lequel
le fer joue le rôle de lamelle passive.

On voit qu'en se servant de combinaisons de métaux
convenablement choisis, on obtient des données pouvant
servir à la différenciation de ceux des acides dont la réaction galvanique, sur le plomb accouplé à l'un des métaux
énumérés plus haut, est identique. Mais nous ne préten-
dons pas, ici, faire un recueil de données qui convien-
drait plutôt à un manuel d'analyse chimique qu'à une
étude destinée uniquement à mettre les expérimenta-
teurs sur la voie pour atteindre ce but. Nous nous abs-
tiendrons donc de détails plus complets, pour nous
borner à l'examen de l'influence de la concentration des
solutions sur les données galvanométriques, quand on
étudie l'action d'un couple de deux métaux différents.

Pour plus de clarté, prenons quelques exemples.

Voici une série de solutions titrées d'acide sulfurique,
à 5 %, 1 %, 0,1 % et 0,01 %, dans chacune desquelles
nous plongerons un couple Pb-Fe, en notant les indications du galvanomètre. Nous remarquerons que, dans la
solution à 5 %, le plomb représente la lamelle active.

Mais, dans la solution à 1 %, c'est le fer qui prend le rôle actif, rôle qu'il garde dans toutes les concentrations consécutives de la solution. Il en résulte que l'inversion des pôles dans le couple Pb-Fe s'effectue dans les limites des concentrations 5 % et 1 % (fig. 10).

Reprenons la même expérience avec des solutions d'acide nitrique à 5 %, 1 %, 0,1 % et 0,01 %, et notons les indications galvanométriques. Aux concentrations à 5 % et 1 %, le plomb joue le rôle actif, et il faut descendre à la solution 0,01 % pour voir s'opérer l'inversion des pôles, à la suite de laquelle le fer prend le rôle actif dans toutes les concentrations consécutives (fig. 11).

Comme résultat de l'expérience précédente, nous obtenons : 1) l'explication des figures 4 et 5, c'est-à-dire de la cause qui fait prendre au fer le rôle actif dans la solution à 5 % de $(Az H^4)^2 SO^4$, et au plomb le même rôle dans une solution au même taux de $Az H^4$, $Az O^3$.

2) La confirmation de ce que nous avons déjà dit, à savoir que l'étude plus approfondie de cette méthode peut fournir les moyens de doser la concentration de l'anion dans une solution donnée.

Étude de la force électromotrice de l'anion au moyen de deux lamelles du même métal.

Pour nous orienter plus facilement dans cette méthode, nous allons examiner de plus près l'expérience exposée à la page 575.

Les oscillations du miroir galvanométrique, représentées sur la figure 1, appartiennent à deux types totalement différents.

Durant les premières sept divisions, de a à b (2 heures 20 minutes), les oscillations sont très fréquentes, et correspondent à des variations également fréquentes de l'intensité du courant. Trois divisions plus loin (1 heure), on observe le passage du trait de droite à gauche, avec écart accentué hors de la ligne zéro (renversement des pôles aux lamelles de magnésium).

Dans la section bc, le changement d'intensité du courant se traduit par des oscillations précipitées, qui diminuent progressivement et finissent par disparaître. Une ligne continue, à peine ondulante, remplace alors les zigzags serrés, et l'interversion des pôles se produit lentement, avec un écart beaucoup moins accentué hors de la ligne zéro.

Observons maintenant ce qui se passe dans notre couple galvanique Mg-Mg, plongé dans $H^2 SO^4$, au titre normal de 0,1 %. Au début de l'expérience (2 heures), nous observons un dégagement abondant de gaz; puis ce dégagement faiblit et cesse enfin presque totalement. A l'examen du liquide, on s'aperçoit que la présence de $H^2 SO^4$, à l'état de liberté, n'y est appréciable que durant les premières deux heures; plus tard on n'y peut déceler que des quantités insignifiantes de l'acide, qui finit par disparaître tout à fait, ou à peu près Autrement dit, nous constatons dans le liquide, au bout de deux heures, la présence de sulfate de magnésie.

Comme vérification du fait, nous n'avons qu'à expérimenter une solution de $MgSO^4$ avec deux lamelles de magnésium. L'image photographique que nous obtiendrons, analogue au segment *cb* (fig. 12), se résume en un trait à peine ondulé, qui ne s'éloigne pas sensiblement de la ligne zéro, et montre de rares interversions polaires des lamelles de magnésium.

En résumé, les indications que donne l'analyse des traits de la figure 1 sont les suivantes :

Les deux facteurs des modifications de l'énergie des oscillations galvanométriques, en rapport avec les varia-tions de force du courant et de l'interversion des pôles, sont : *a*) la quantité d'acide sulfurique libre dans la so-lution, et *b*) le passage de cet acide à l'état de combinai-son avec le magnésium, pour former un sel sulfo-magné-sien.

Les expériences qui suivent vont servir à développer cette proposition.

Prenons quatre éprouvettes avec des dissolutions de $CuSO^4$, aux concentrations successives de 10 %, 1 %, 0,5 % et 0,02 % ; plongeons dans chacune deux tiges de magnésium, et prenons des photogrammes, comme nous avons fait pour Mg-Mg dans H^2SO^4, en solution nor-male 0,1. Quelle est l'influence de la concentration du liquide sur la forme de la courbe des oscillations galva-nométriques ?

Les photogrammes des figures 13, 14, 15 et 16 démon-trent que, parallèlement à la diminution de la concentra-tion, l'énergie des mouvements oscillatoires diminue progressivement, tant sous le rapport de l'intensité du courant que sous celui de l'interversion des pôles. Quand le titre de la solution descend à 0,02 %, la courbe revêt l'aspect d'un trait à peine ondulé, et ne s'écarte plus guère de la ligne zéro.

Les photogrammes des combinaisons chlorurées (figures 17, 18, 19, 20, 21, 22), serviront à interpréter la seconde proposition, concernant l'influence du cathion qui se trouve dans la même solution que l'anion.

On plonge deux fils de magnésium dans les dissolutions à 5 % des sels suivants :

$$Cu\,Cl^2, \ Fe\,Cl^3, \ Hg\,Cl^2, \ Al\,Cl^3, \ Ca\,Cl^2, \ Na\,Cl.$$

Parallèlement à la diminution des chaleurs des combinaisons chlorurées de Na à Cu, — conformément au système périodique de Mendéléïeff, — l'énergie des oscillations du galvanomètre augmente dans le couple galvanique Mg-Mg. Il en résulte que la présence de l'un ou de l'autre cathion n'est pas indifférente, et que l'énergie des oscillations s'accroît ou diminue, selon que la chaleur de la formation du sel magnésien surpasse celle du sel du métal qui se trouve en solution.

Si l'on remplace les lamelles de magnésium par des lamelles d'un autre métal, on s'aperçoit que l'énergie des mouvements oscillatoires est entièrement subordonnée, d'un côté, à la rapidité de la réaction chimique, et, de l'autre, au rapport entre les chaleurs de combinaison, avec le même anion, du métal servant d'électrode et du métal contenu dans la solution.

Par conséquent, dans une dissolution de sulfate de cuivre, le zinc, le fer, etc., donnent des oscillations moins énergiques que le magnésium ; quant à l'aluminium, qui est insoluble dans l'acide sulfurique, il produit des oscillations à peine appréciables et de courte durée.

D'autre part, nous voyons que l'aluminium, soluble dans les alcalis caustiques, détermine des oscillations dans KHO, tandis que le magnésium, insoluble dans les alcalins, n'en détermine pas.

Il est évident que l'expérimentation d'une série entière de métaux dans un acide quelconque, ou dans des sels, permettra d'établir une série indéfinie de photogrammes correspondants, qui pourront éclaircir tous les détails de cette méthode d'étude, et dévoileront les combinaisons métalliques caractéristiques qui distinguent les acides l'un de l'autre. Mais le but que je vise ne comporte pas de semblables détails.

Je vais essayer d'expliquer mon idée par quelques exemples. L'aluminium, insoluble dans les acides en général, se dissout très facilement dans l'acide chlorhydrique. Voilà pourquoi le couple Al-Al détermine des oscillations marquées, non seulement dans une solution d'acide chlorhydrique, mais dans tous ses sels ; bien entendu que les oscillations seront plus énergiques dans Cu Cl² que dans Na Cl.

Tout ce qui vient d'être dit, concernant les acides minéraux, se rapporte de même aux acides végétaux, avec cette remarque que plus l'acide est actif, plus l'énergie des oscillations est grande.

Si nous faisons exception pour les métaux alcalins et alcalino-terreux du premier sous-groupe, qui, à l'état de pureté, sont peu maniables pour l'expérimentation, le magnésium est, de tous les métaux, celui qui entre le plus facilement en combinaison avec tous les acides : il donne des sels solubles. Ce métal est donc le mieux approprié à la détermination de la présence, dans une solution donnée, d'un acide en général, libre ou combiné sous forme de sel. Une détermination plus précise de l'acide qui forme l'anion exige l'emploi d'autres métaux.

Je ne saurais, cependant, passer sous silence les oscillations galvanométriques qui, dans certains acides, sont tellement caractéristiques, qu'à la seule vue du photogramme on devine l'acide que contient la solution. Comme illustration, j'indiquerai les photogrammes du couple Mg-Mg dans CrO^7 et dans $KMnO^4$, qui diffèrent notablement de tous les autres, mais ont une grande similitude entre eux. Je vais donner le moyen de les distinguer l'un de l'autre.

Les photogrammes fig. 23 et 24 représentent le résultat d'une expérimentation avec le couple Mg-Mg des solutions de CrO^3 à 0,5 % et 1 %. Dans la première, le galvanomètre est en dérivation; dans la seconde, sans dérivation.

Les photogrammes figures 25 et 26 [1] concernent le couple Mg-Mg dans les solutions de $KMnO^4$ à 0,5 % et à 0,01 %. Dans la première, le galvanomètre est en dérivation; dans la seconde, sans dérivation.

1. Ces quatre photogrammes sont établis à une vitesse du papier sensible de un centimètre en une minute et 10 secondes.

Pour l'un et l'autre cas, la caractéristique du tracé obtenu peut se résumer ainsi : Quand la dérivation est établie, ce tracé suit des traits horizontaux, en forme d'aspérités, qui se détachent d'une ligne droite verticale, peu distante de la ligne zéro ; si la dérivation est suspendue, les aspérités se transforment en petits entonnoirs. Il est possible de reproduire artificiellement des figures identiques, en interrompant le courant à des intervalles très courts.

Remarquons que le même tracé se produit quand on expérimente le tissu vivant, par exemple, le dessous de l'épiderme d'un lapin (fig. 27) ; il indique la présence d'un milieu fortement oxydant, dont l'affinité chimique avec le manganèse est relativement faible. Car, dans le cas contraire, les aspérités se détachent d'une ligne plus ou moins brisée (fig. 28, couple Mg-Mg, dans une solution de $(AzH^4)^2 SO^4$, à 2 %).

La courbe (fig. 29) du couple Mg-Mg, dans une solution à 2 % d'acide valérianique, n'est pas sans présenter aussi un caractère à part. D'ailleurs, il nous serait facile de citer plus d'une courbe caractéristique ; mais la question des propriétés distinctives de toutes ces courbes est encore si peu étudiée, que les résultats pratiques que l'on pourrait en attendre appartiennent encore à l'avenir.

Néanmoins, cette méthode promet d'être fructueuse dans la pratique ; et comme preuve, nous citerons l'exemple suivant.

Prenons une solution à 20 % de CrO^3 ; et, au lieu du couple Mg-Mg, dont nous connaissons la courbe, plongeons-y le couple Pb-Al. Nous observons que le galvanomètre exécute des évolutions rythmiques de la plus grande régularité. L'ampleur des oscillations, limitée au début, augmente progressivement et régulièrement (fig. 30). Après avoir atteint, dans l'espace de quelques heures, leur maximum d'ampleur, les oscillations galvanométriques peuvent conserver des heures entières leur rythme extrêmement régulier, et leur ampleur uniforme, qui n'est légèrement troublée qu'aux moments où des parcelles de bichromate de plomb se détachent de la lamelle de plomb (fig. 31).

Si l'on remplace la solution à 20 % d'acide chromique par une solution à 10 % du même acide, les oscillations du galvanomètre deviennent beaucoup plus lentes. La figure 32 représente ces oscillations, 24 heures après l'immersion du couple Pb-Al dans une solution à 10 % d'acide chromique.

Cette expérience suscite l'idée de rechercher des combinaisons métalliques appropriées, qui permettraient d'obtenir des oscillations galvanométriques aussi régulières pour les autres acides.

Nous n'avons pas pu nous engager dans une étude plus approfondie des détails ; mais il est de la plus grande évidence que, si les recherches se portent non seulement sur tous les métaux, — dont nous n'avons expérimenté qu'une faible partie, — mais encore sur leurs alliages et amalgames variés, le champ d'observation s'élargira d'une façon indéfinie.

Alors, cette méthode — qui permet encore à peine

des déductions générales et vagues sur la qualité du liquide exploré — fournira des données plus claires et plus concrètes.

Nous ferons remarquer que les données du deuxième procédé (expériences avec deux lamelles du même métal) confirment absolument celles obtenues par le premier procédé. Ainsi, les données de Mg-Pt, et, en général, de Mg-M, sont très petites dans les alcalins; ce qui explique pourquoi Mg-Mg ne produit pas de courant alternatif dans les alcalis caustiques. Al-Al détermine une courbe fortement brisée de courant alternatif dans les alcalis caustiques et dans l'acide chlorhydrique ; ce sont justement ces deux anions qui produisent de grandes oscillations avec Al-M, et font prendre le rôle actif à Al dans le couple Al-Pb.

En résumé, les indications du premier procédé (deux métaux différents) aussi bien que celles du second (deux métaux identiques), ont pour facteur l'énergie de la réaction chimique à l'égard des métaux introduits; ces deux procédés ne sont donc jamais en contradiction réciproque, et les indications fournies par l'un sont complétées et rendues plus concrètes par les indications de l'autre. Il est donc évident que le degré de concentration de la solution joue un rôle tout aussi important dans le premier procédé que dans le second.

Expériences sur la combinaison de différents métaux, pris comme électrodes, et dont la force électromotrice est engendrée par un courant constant.

Quand on fait passer dans un liquide d'expérience par

l'intermédiaire de différents électrodes le courant d'une batterie à action constante, on observe les manifestations les plus variées de ce que l'on nomme la polarisation des électrodes.

On sait que ce phénomène a pour cause la production, à la limite de l'électrode et de la solution, d'une force électromotrice en sens contraire du courant. Quelles que soient les théories admises pour l'explication de ce phénomène, il nous importe avant tout, et, dans l'intérêt de notre but, il nous suffit provisoirement de savoir que la polarisation dépend de la nature de l'ion qui se dépose sur l'électrode, de la nature de cet électrode, de l'aspect de sa surface, et de quelques autres facteurs, entre autres de l'intensité du courant introduit.

A mon grand regret, le temps m'a fait défaut pour m'orienter pratiquement dans ces recherches. Je me bornerai donc à quelques indications.

Ce procédé peut servir à la recherche des anions que contient la solution expérimentée. Dans ce but, il faudrait avant tout évaluer électriquement la polarisation engendrée par le dépôt des anions déterminés sur les différents électrodes, sans négliger non plus la concentration des ions et l'intensité du courant introduit.

Notons, de plus, que, dans la pratique de cette méthode, on rencontre souvent des cas intéressants de formation de dépôts insolubles sur les électrodes. Cette donnée pourrait servir utilement dans beaucoup de cas.

Détermination du cathion.

Quand nous avons déterminé l'anion, à l'aide de couples de métaux identiques, nous avons déjà constaté l'influence bien marquée du cathion sur l'aspect de la courbe tracée par le galvanomètre.

On se rappelle que le caractère saccadé des mouvements de l'aiguille galvanométrique indique une réaction énergique du métal de l'électrode sur l'électrolyte.

La réaction qui a lieu dans le cas actuel, consiste en l'élimination du métal en solution par le métal de l'électrode, et les conditions de ce phénomène chimique nous sont généralement bien connues.

Il est donc possible, en introduisant successivement dans le liquide les couples Mg-Mg, Zn-Zn, Cd-Cd, Al-Al, etc., de déterminer le moment auquel les vibrations de l'aiguille galvanométrique cessent de se produire. De là, il est aisé, sinon de déterminer la nature précise du métal en solution, du moins de lui assigner approximativement une place dans la série électro-chimique.

Cependant, à mesure que la concentration diminue, ce phénomène perd de plus en plus son relief ; et, quand la solution devient relativement faible, il cesse d'être caractéristique. Nous citerons, comme exemple, les fig. 13, 14, 15, 16, qui correspondent au couple Mg-Mg, plongé dans des solutions à diverses concentrations de Cu SO⁴.

D'ailleurs, la méthode de recherches à laquelle nous passons présente un intérêt beaucoup plus grand.

Détermination du cathion par l'étude du courant contraire.

Faisons passer à travers un électrolyte donné, et par l'intermédiaire de deux électrodes du même métal, le courant d'une batterie galvanique, et, quelque temps après, remplaçons la batterie par un galvanomètre avec lequel nous mettons les électrodes en communication. Nous devons nous attendre, conformément à la règle banale, à ce que le courant qui va s'établir prenne toujours un sens contraire au courant primitivement établi. Il suffit cependant de répéter cette expérience avec quelques électrolytes différents et quelques couples de métaux, pour se heurter à un phénomène diamétralement opposé : le courant secondaire prend souvent la même direction que le courant primitif. C'est ce que l'on voit avec une solution $CuCl^2$ et deux tiges d'aluminium.

Ce fait, étrange à première vue, s'explique pourtant de la façon la plus simple.

Le sens du courant secondaire est déterminé par la direction dans laquelle le mouvement des anions et des cathions est possible. Si, par deux tiges de platine, on fait passer le courant à travers de l'acide sulfurique dilué, l'hydrogène se dépose sur l'un et l'oxygène sur l'autre. Ces deux gaz étant partiellement solubles dans le platine, on comprend sans peine que le courant secondaire — déterminé par la réaction de formation de l'eau, aux dépens de l'hydrogène et de l'oxygène déposés sur les électrodes de platine — doit s'établir en sens contraire. Au début, c'étaient les cathions-hydrogène qui se déposaient sur l'un des électrodes; maintenant, ce sont les mêmes cathions qui s'en dégagent pour entrer dans l'électrolyte.

Si nous introduisons le courant, par l'intermédiaire d'électrodes en aluminium, dans une solution de chlorure de cuivre, le cuivre métallique se dépose sur l'un des électrodes, ce qui équivaut à la transformation d'un électrode d'aluminium en un électrode de cuivre.

Par conséquent, le courant inverse est le même que dans le cas où nous aurions substitué un électrode de cuivre à un électrode d'aluminium, c'est-à-dire que le sens de ce courant est identique à celui du courant primitif.

Si nous remplaçons le sel cuprique par un sel de zinc, le courant secondaire, toutes choses égales d'ailleurs, a une direction inverse. Cela tient à ce que le zinc occupe une place au-dessus de l'aluminium dans la série électro-chimique.

Remplaçons maintenant la tige d'aluminium intact par des tiges de différents métaux. Si, dans le premier cas, ce métal est le cuivre, et dans le deuxième cas le zinc, les indications du galvanomètre seront le plus rapprochées du zéro. Ce phénomène a lieu, précisément, quand les métaux sont identiques dans les liquides expérimentés. La cause s'en comprend d'elle-même.

La déduction à faire de ces expériences est la suivante :

On peut déterminer le métal qui se trouve dans un liquide donné, si, après avoir précipité le cathion sur l'un des électrodes, on choisit, pour l'autre électrode, le métal qui donne l'indication galvanométrique la plus rapprochée du zéro.

Certains métaux se déposent bien sur les électrodes ; d'autres, au contraire, s'oxydent aussitôt après leur précipitation. L'expérimentation est très difficile avec ces derniers.

L'emploi d'un électrode en mercure obvie notablement à cet inconvénient.

L'expérience représentée par le photogramme figure 33 a été instituée avec un électrode en mercure.

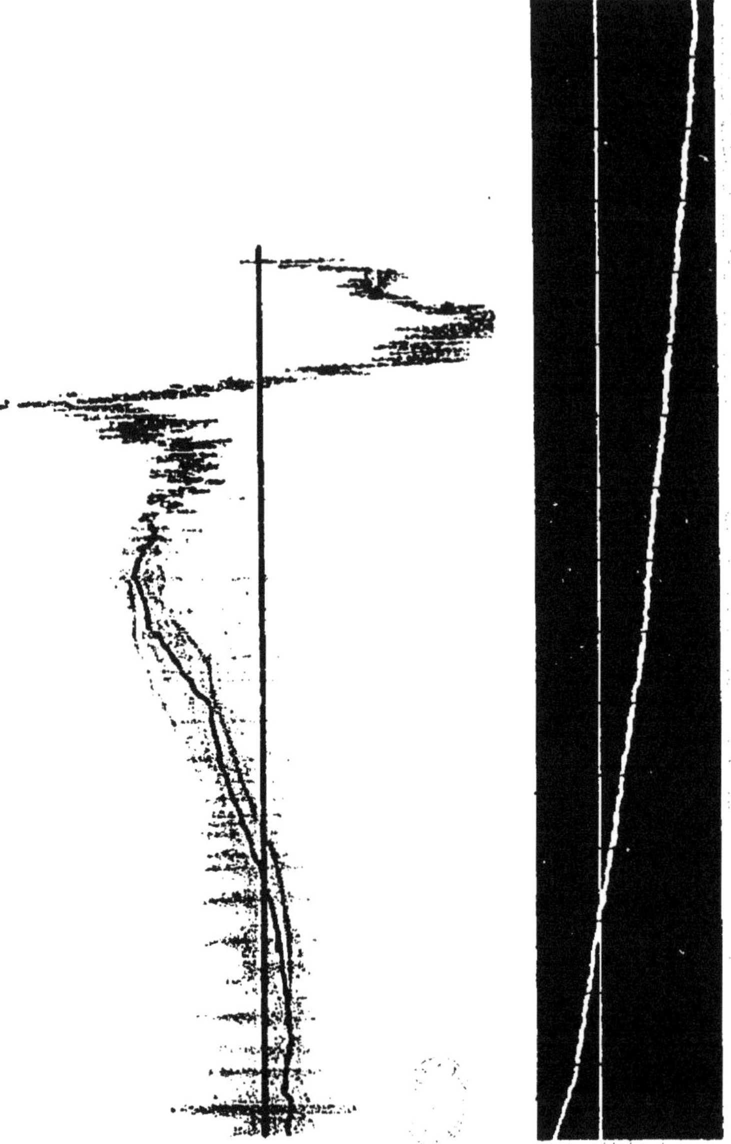

Fig. 1. — Mg—Mg dans SO⁴H² à 0,1.
Une division = 20′.

Fig. 2. — Al — Al dans
KHO à 5 %. Une divi-
sion = 1′16′

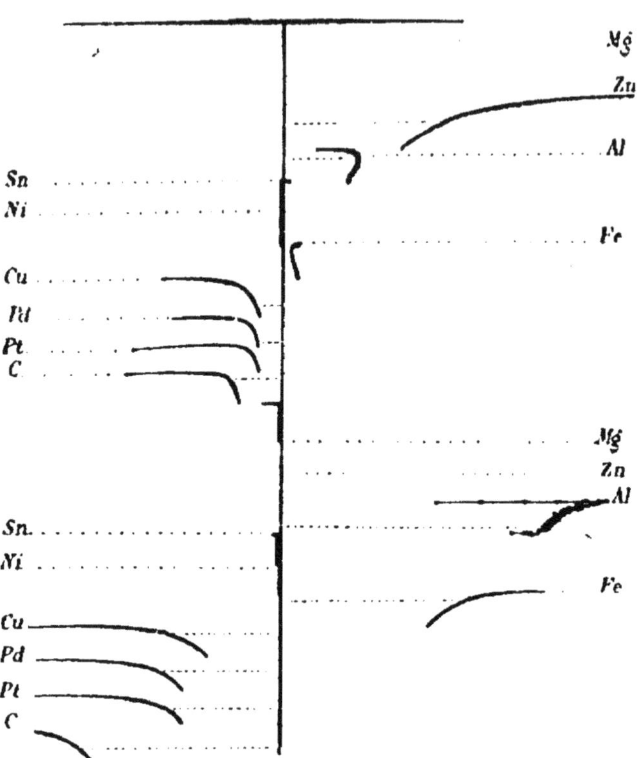

Fig. 3. — Pb dans chlorhydrate d'ammoniaque à 0,5 %.

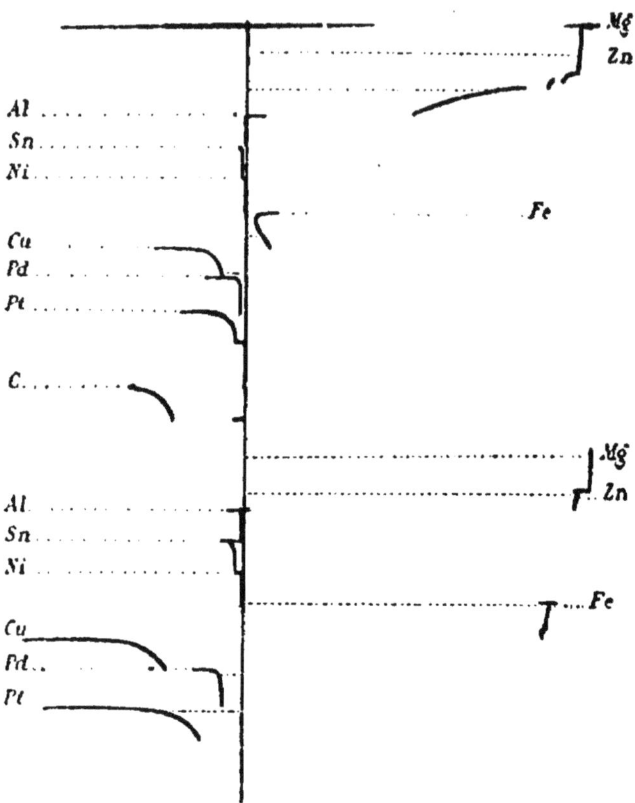

Fig. 4. — Pb dans sulfate d'ammoniaque à 0,5 %.

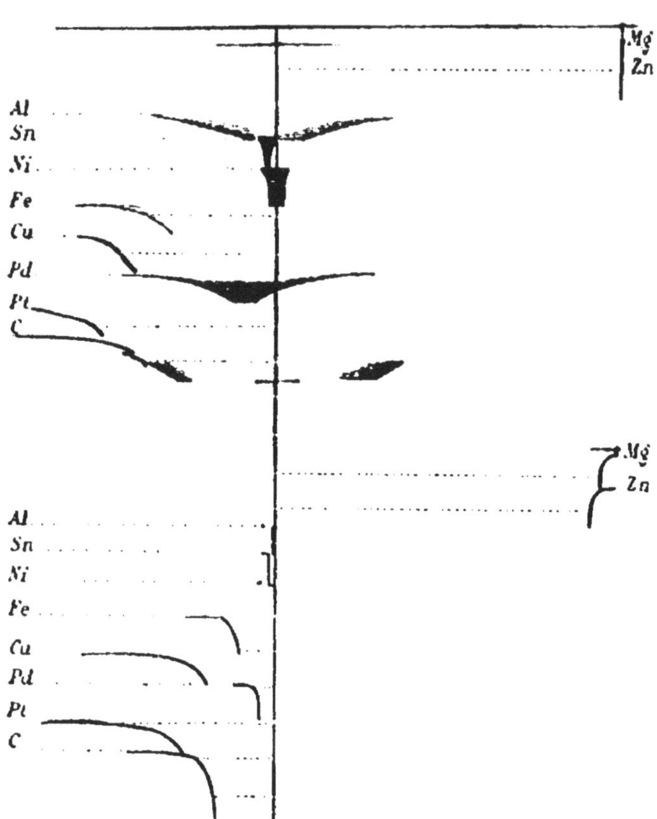

Fig. 3. — Pb dans azotate d'ammoniaque à 0,5 %.

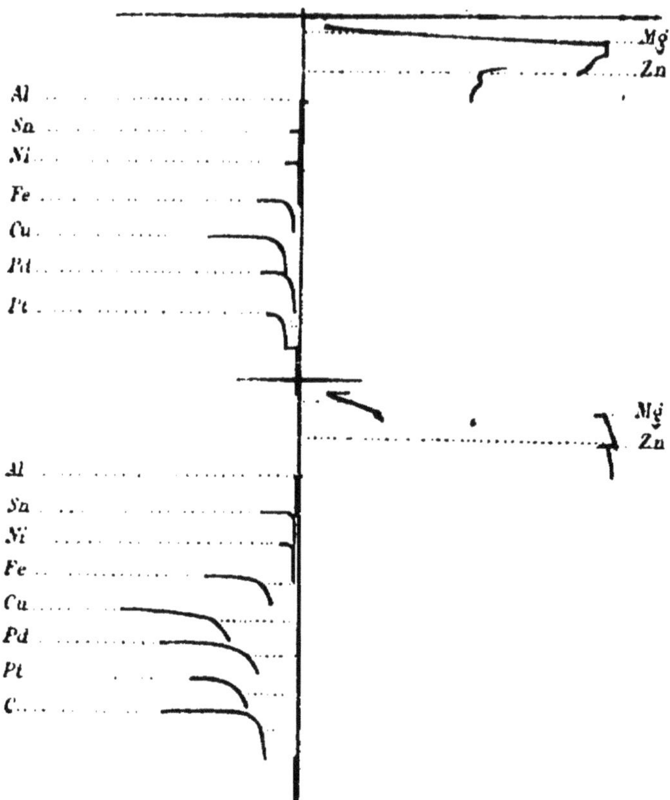

Fig. 6. — Pb dans phosphate d'ammoniaque à 0,5 %.

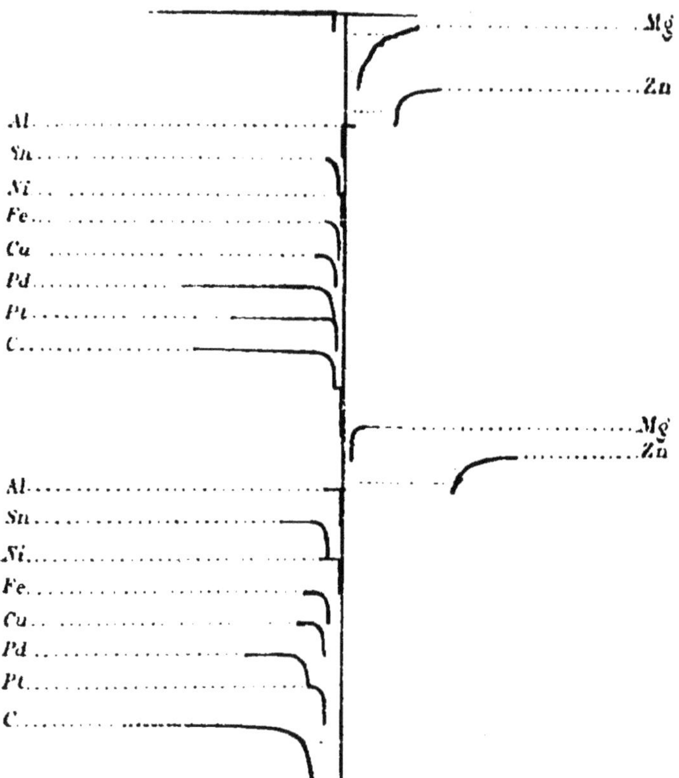

Fig. 7. — Pb dans chromate d'ammoniaque à 0.5 %.

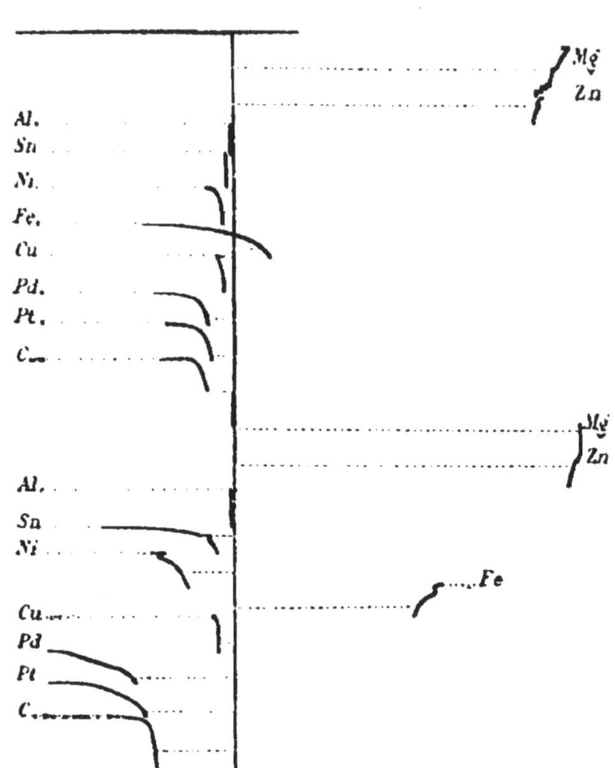#

Fig. 8. — Pb dans acide oxalique à 0,5 %.

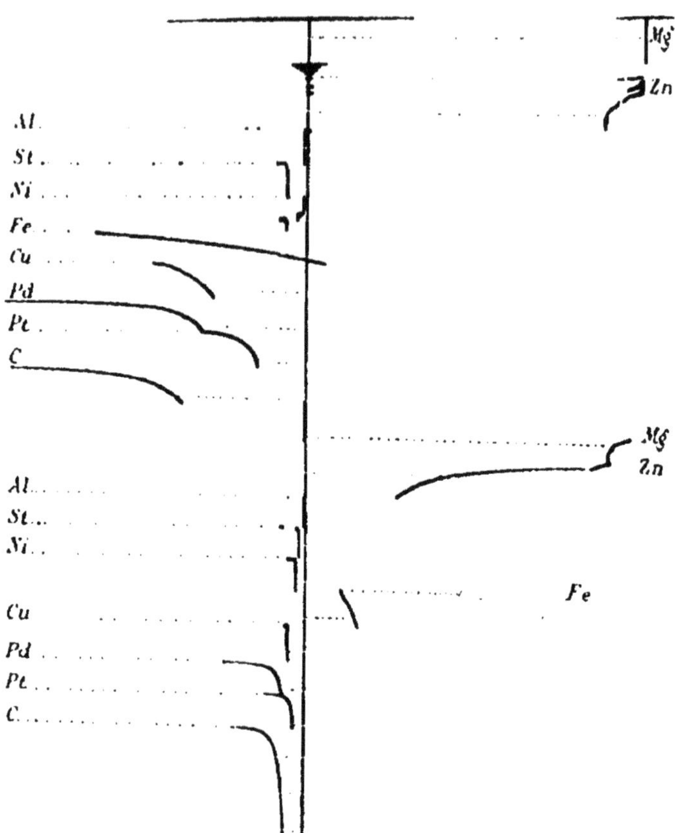

Fig. 8 *bis*. — Pb dans acétate d'ammoniaque à 0,07 %.

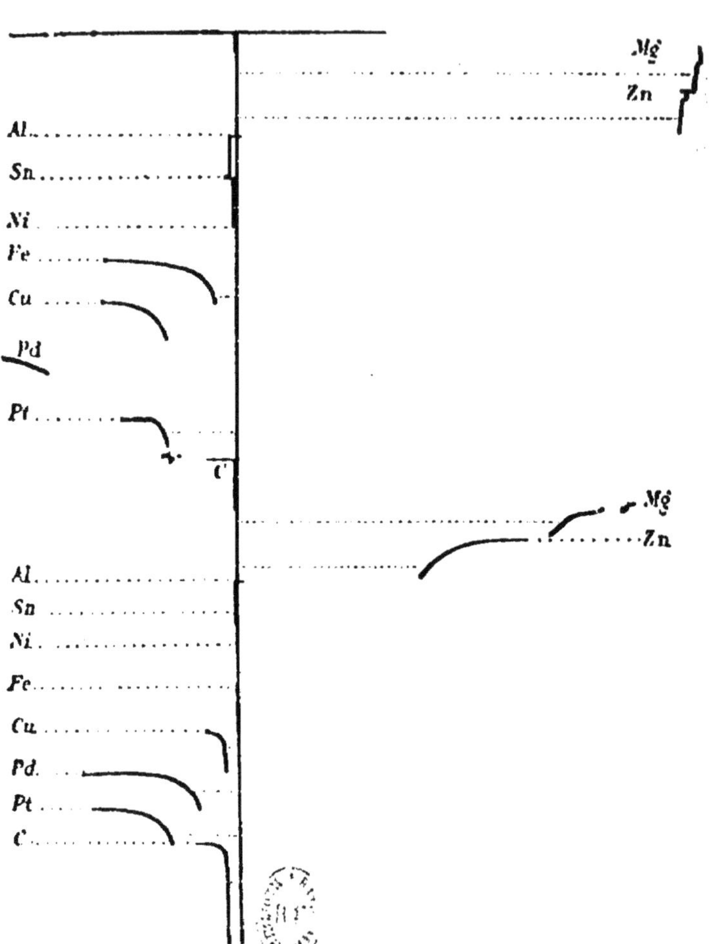

Fig. 9. — Pb dans acide valérianique à 0,5 %.

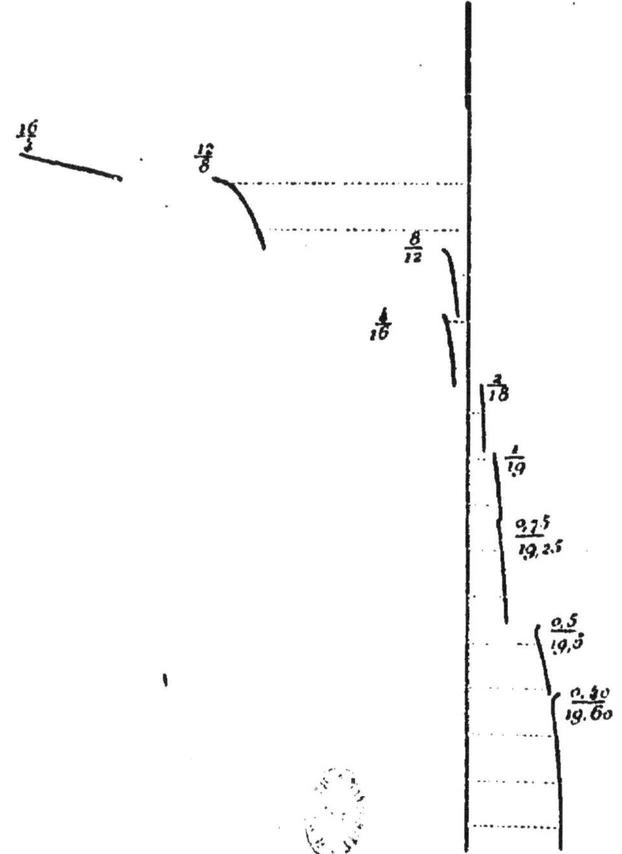

Fig. 10. — Pb—Fe dans H²SO⁴. Dérivation à ¹/₁. Une division = 1'16 (4 avril). Les chiffres supérieurs indiquent la proportion de solution normale, les chiffres inférieurs la proportion d'eau.

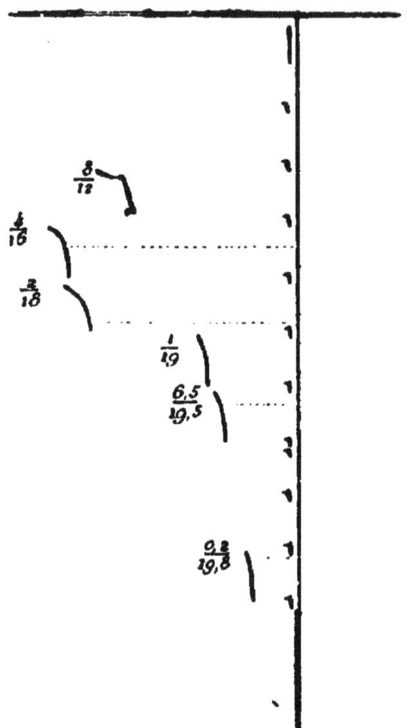

Fig. 11. — Pb—Fe dans l'acide nitrique. Dérivation à $^1/_{99}$. Les chiffres supérieurs indiquent la proportion de solution normale, les chiffres inférieurs la proportion d'eau.

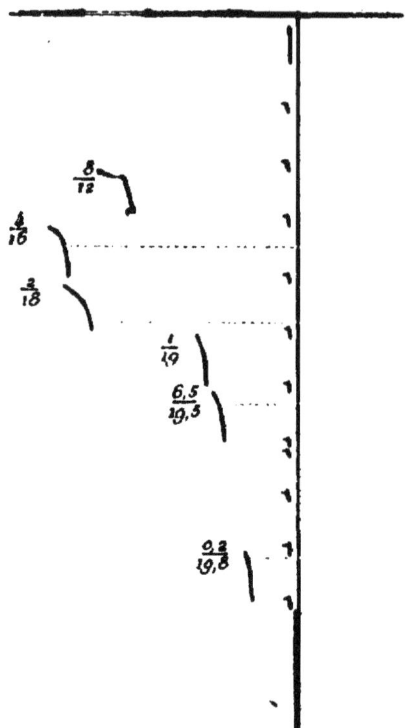

Fig. 11. — Pb—Fe dans l'acide nitrique. Dérivation à $^1/_{99}$. Les chiffres supérieurs indiquent la proportion de solution normale, les chiffres inférieurs la proportion d'eau.

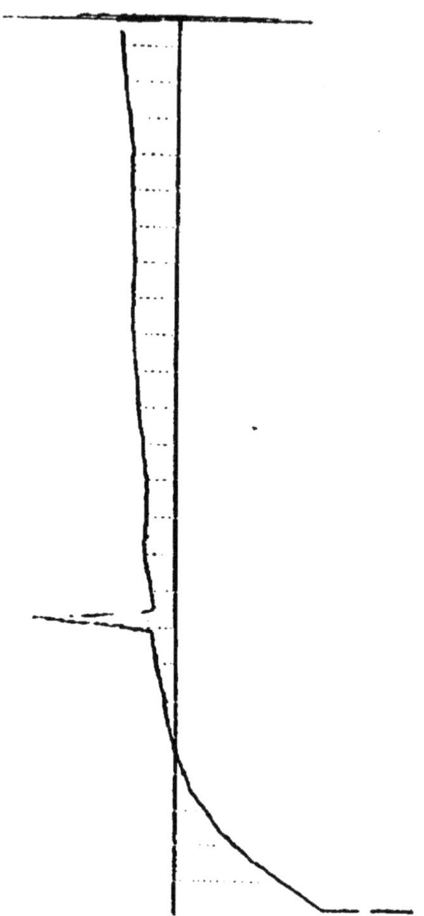

Fig. 12. — Mg—Mg dans MgSO⁴ à 2 ‰, sans dérivation. Récipient en verre. Durée ¹/₁ d'heure. Une division = 0,6' (13 novembre).

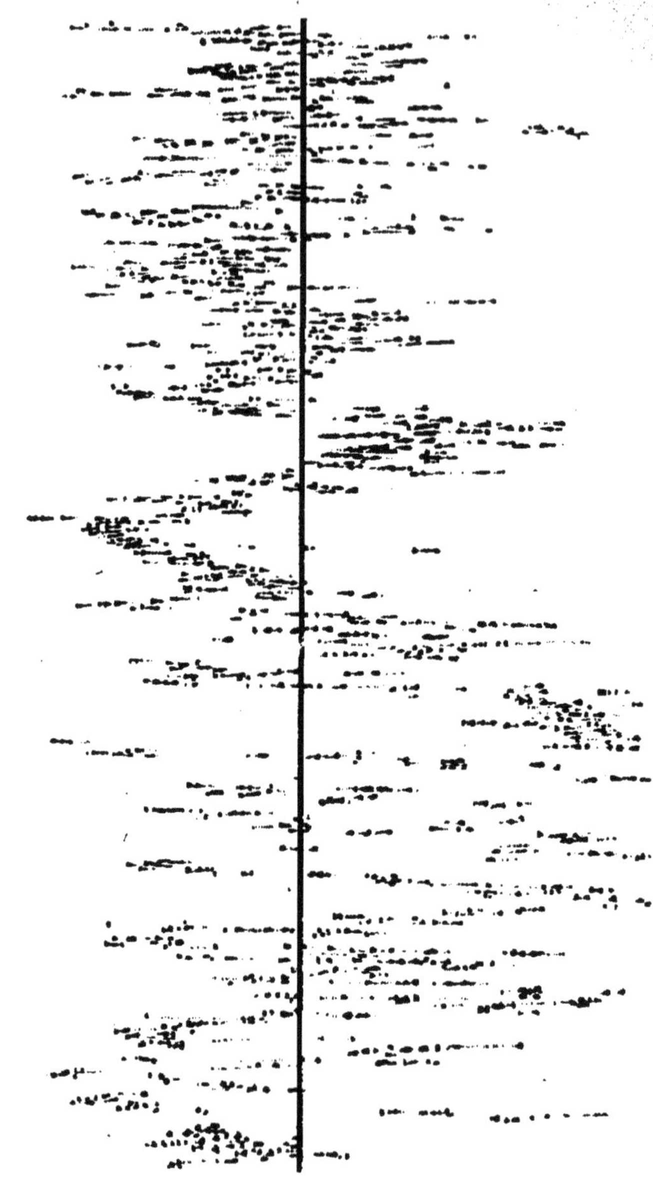

Fig. 13. — Mg—Mg dans CuSO⁴+5H²O à 10 %. Avec dérivation.
Une division = 1'13".

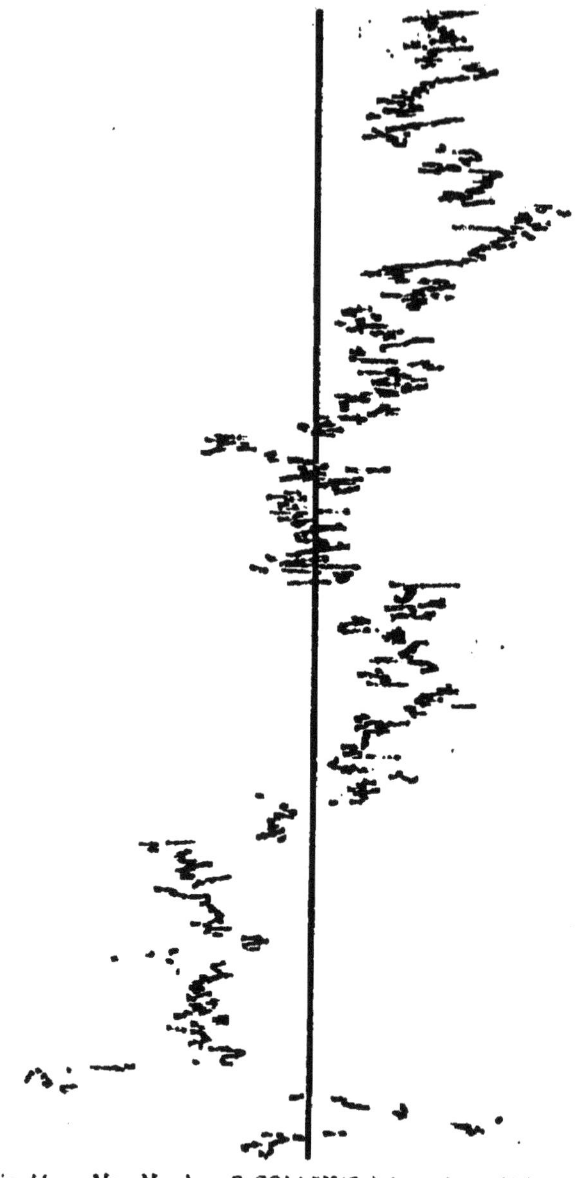

Fig. 14. — Mg—Mg dans $CuSO^4+5H^2O$ à 1 %. Avec dérivation.
Une division $= 1'13'$.

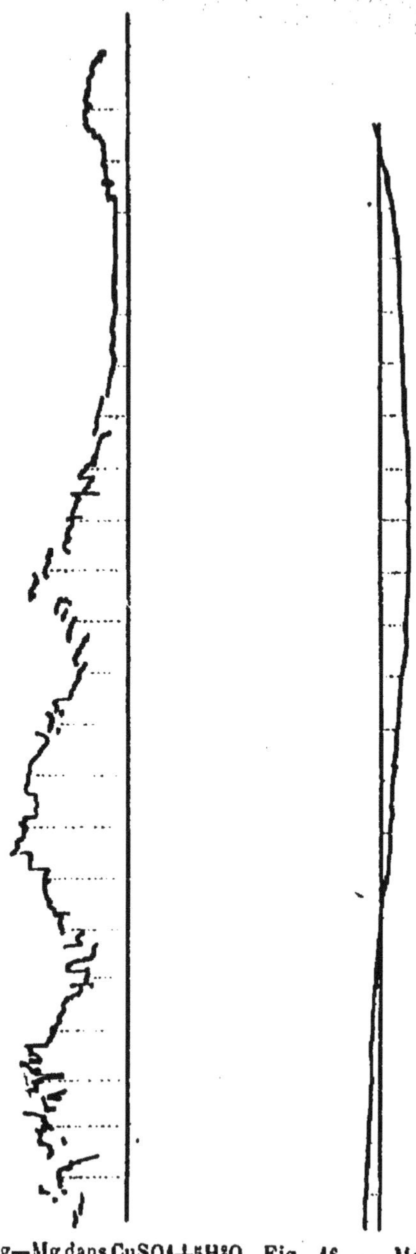

Fig. 15. — Mg—Mg dans CuSO⁴+5H²O à 5 ‰. Avec dérivation. Une division = 1'13".

Fig. 16. — Mg — Mg dans CuSO⁴+5H²O. Avec dérivation. Une division = 1'13".

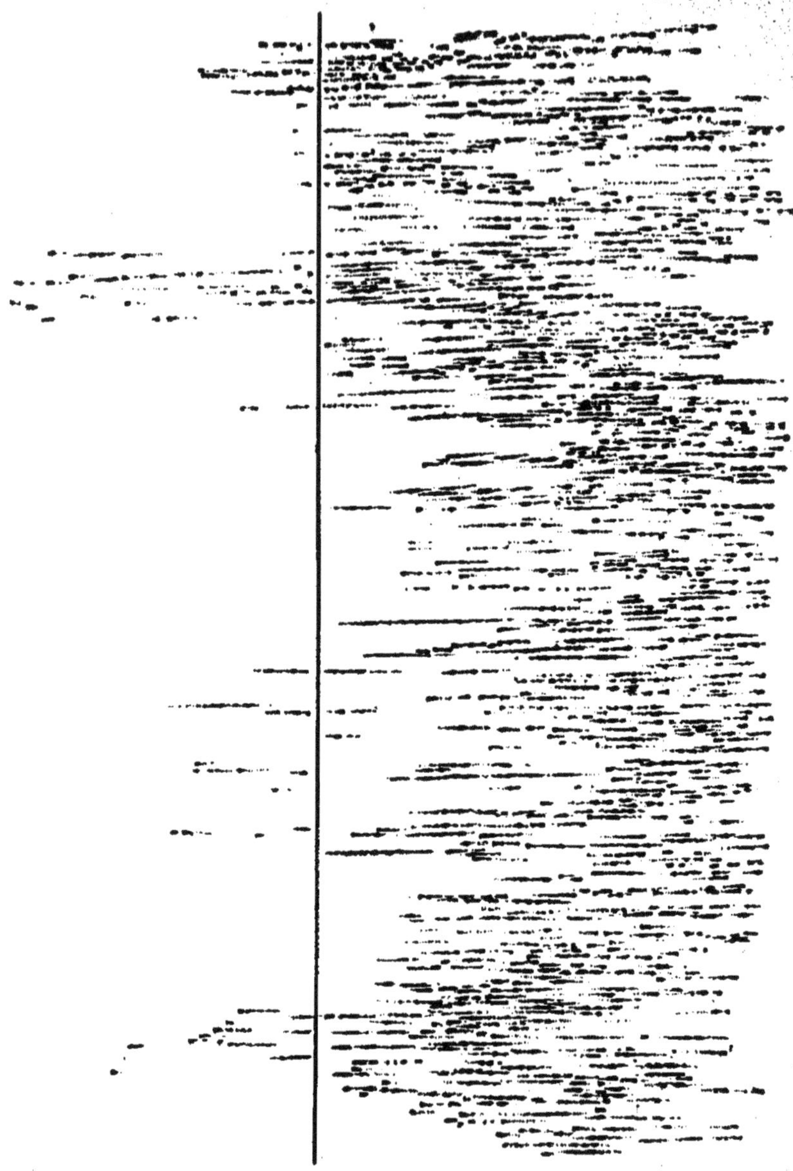

Fig. 17. — Mg—Mg dans CuCl²+2H²O à 5 %. Avec dérivation.
Une division = 1'13".

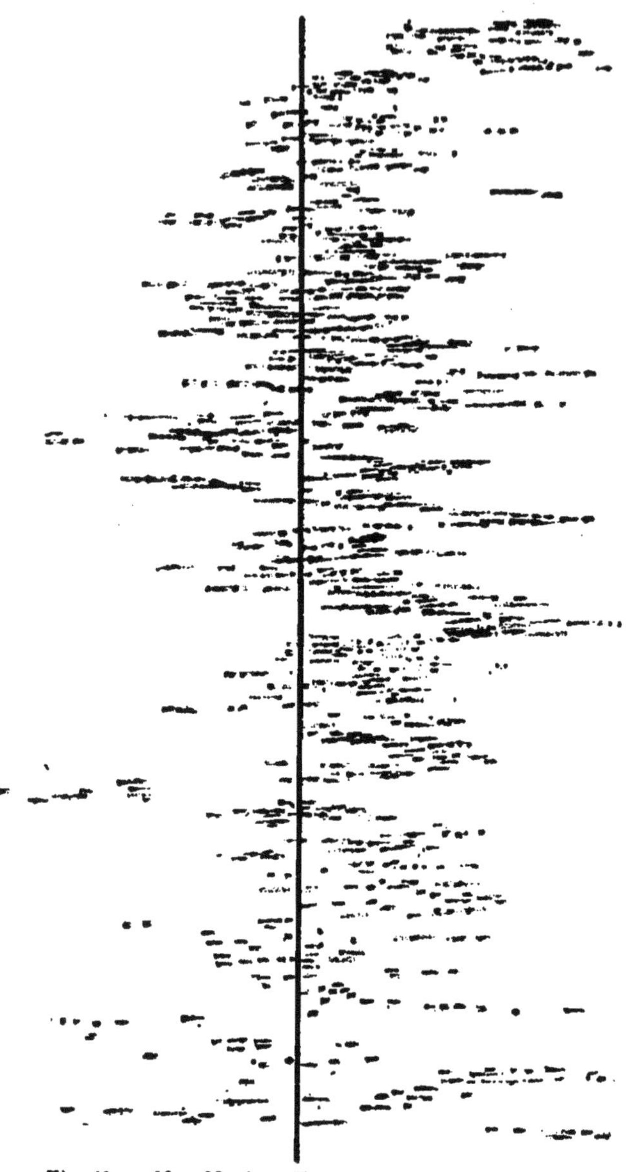

Fig. 18. — Mg—Mg dans Fe²Cl³ à 5 ‰. Avec dérivation.
Une division = 1′13″.

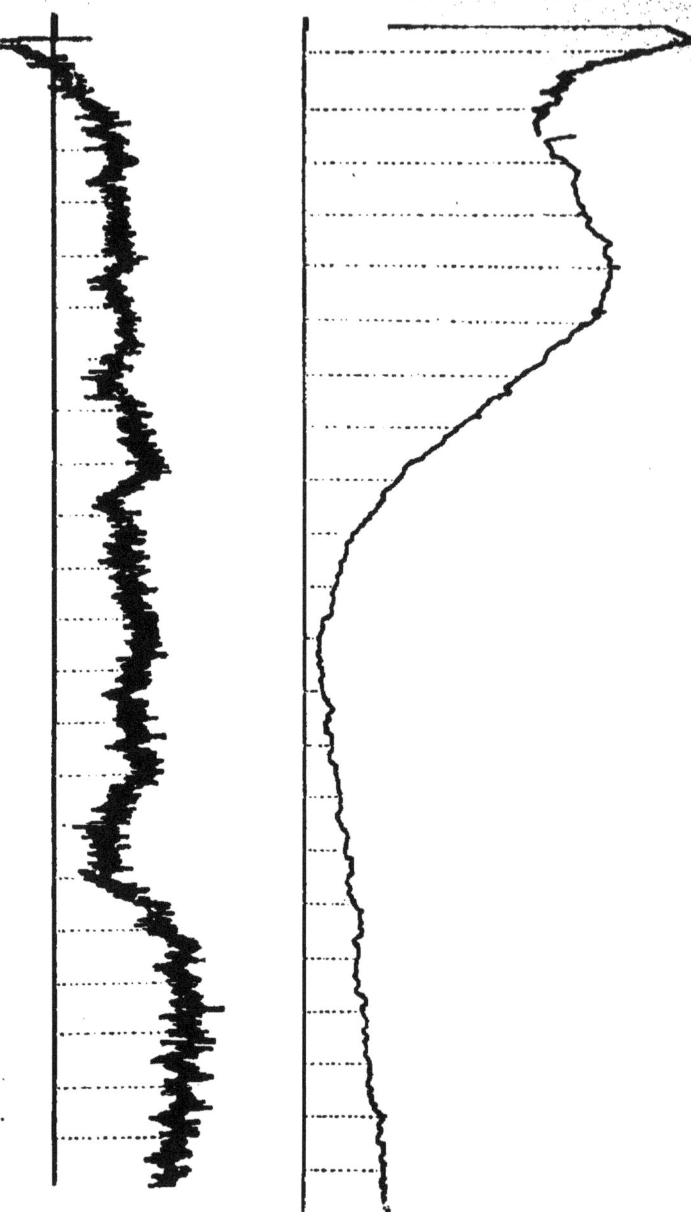

Fig. 19. — Mg—Mg dans HgCl² à 5 %. Avec dérivation. Une division = 1'1".

Fig. 20. — Mg—Mg dans Al²Cl⁶+12H²O à 5 %. Avec dérivation. Une division = 1'13".

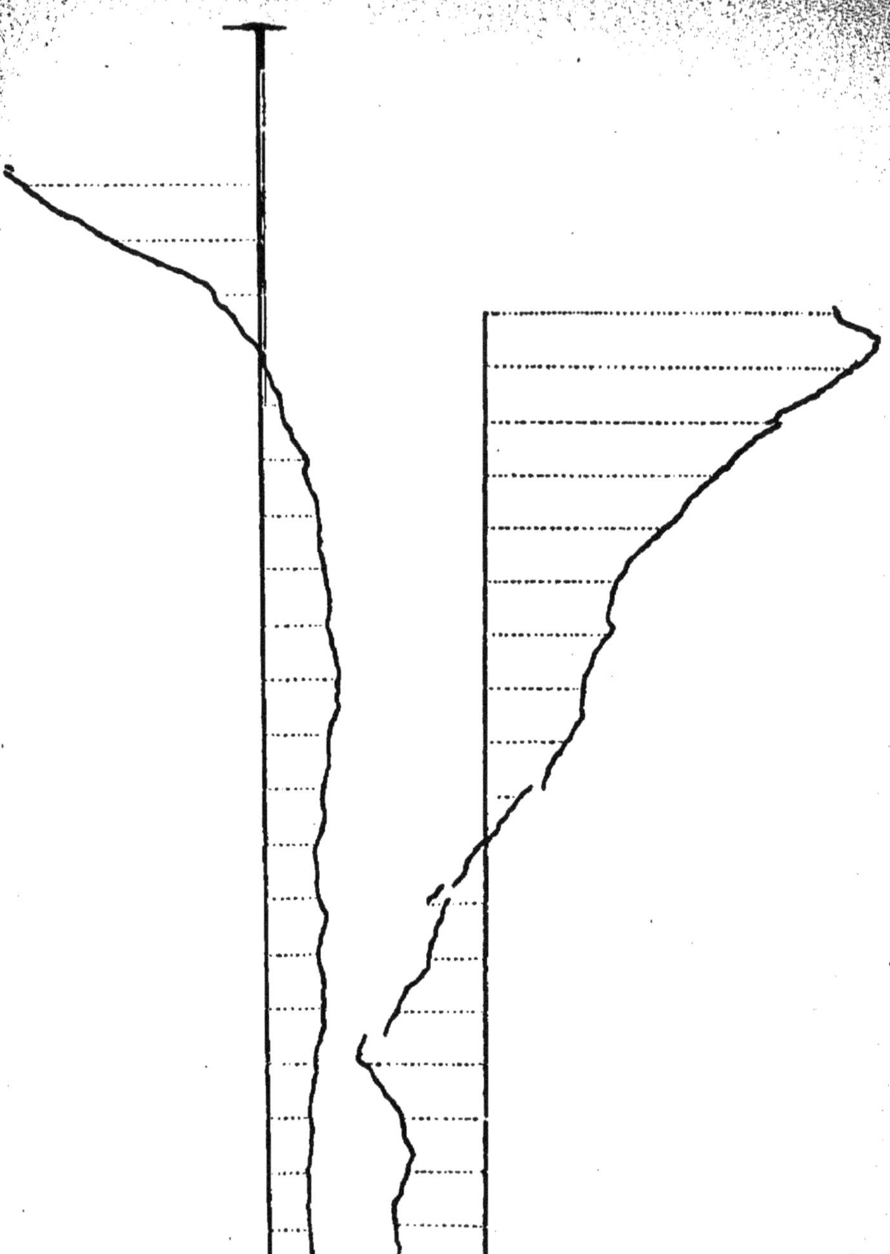

Fig. 21. — CaCl² + 6H²O à 5 %.
Avec dérivation. Une division = 1'13".

Fig. 22. — Mg—Mg dans NaCl à 5 %.
Avec dérivation. Une division = 1'13".

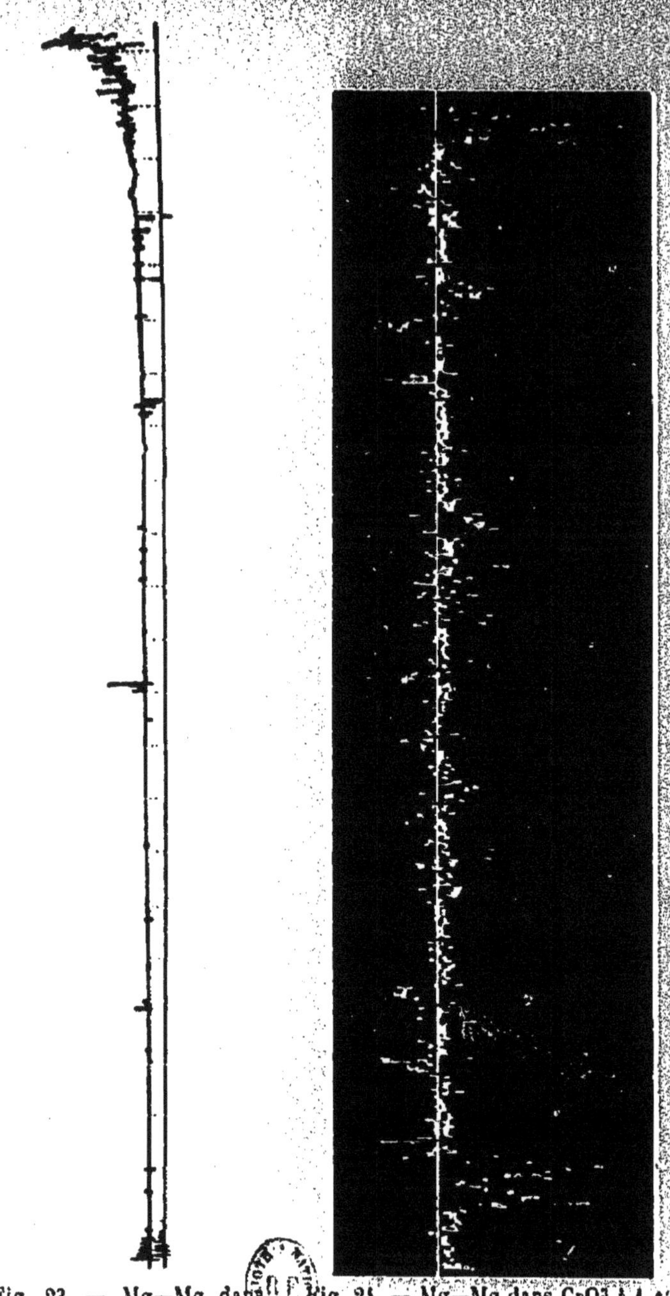

Fig. 23. — Mg—Mg dans CrO³ à 0,5 %. Avec dérivation. Une division = 1'13".

Fig. 24. — Mg—Mg dans CrO³ à 1 %. Une division = 13".

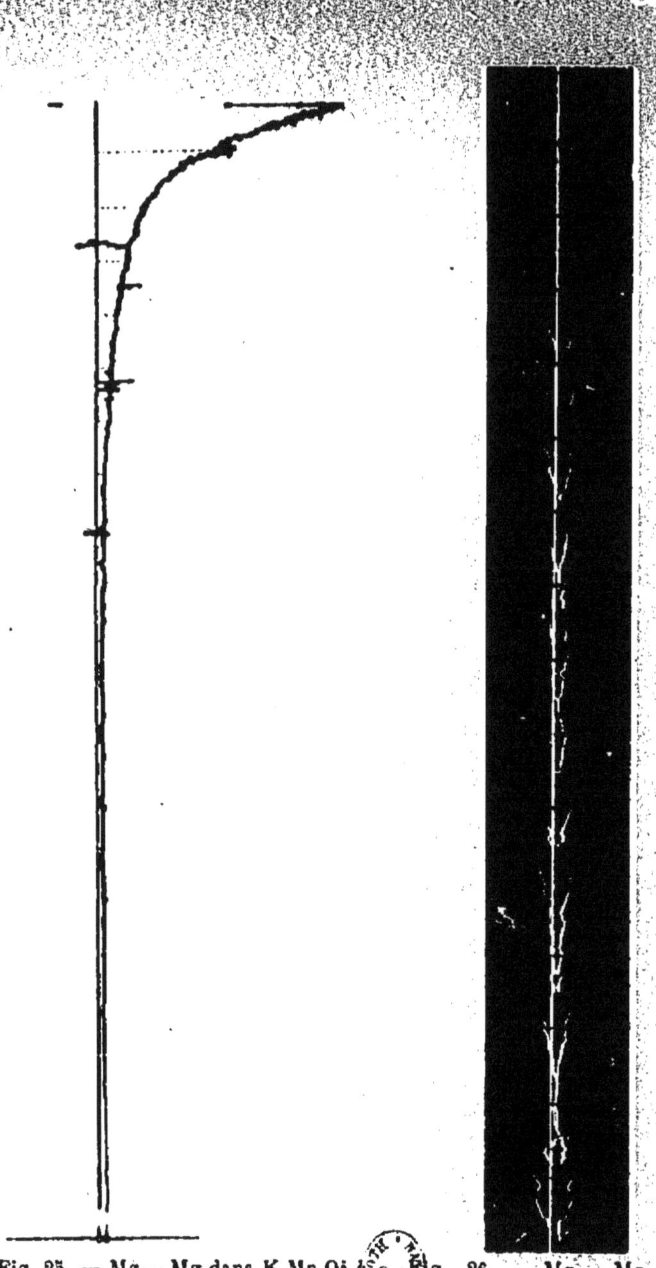

Fig. 25. — Mg — Mg dans K Mn O⁴ à 5 % avec dérivation. Une division = 1′13″.

Fig. 26. — Mg — Mg dans KMnO⁴ à 1 %. Une division = 39″.

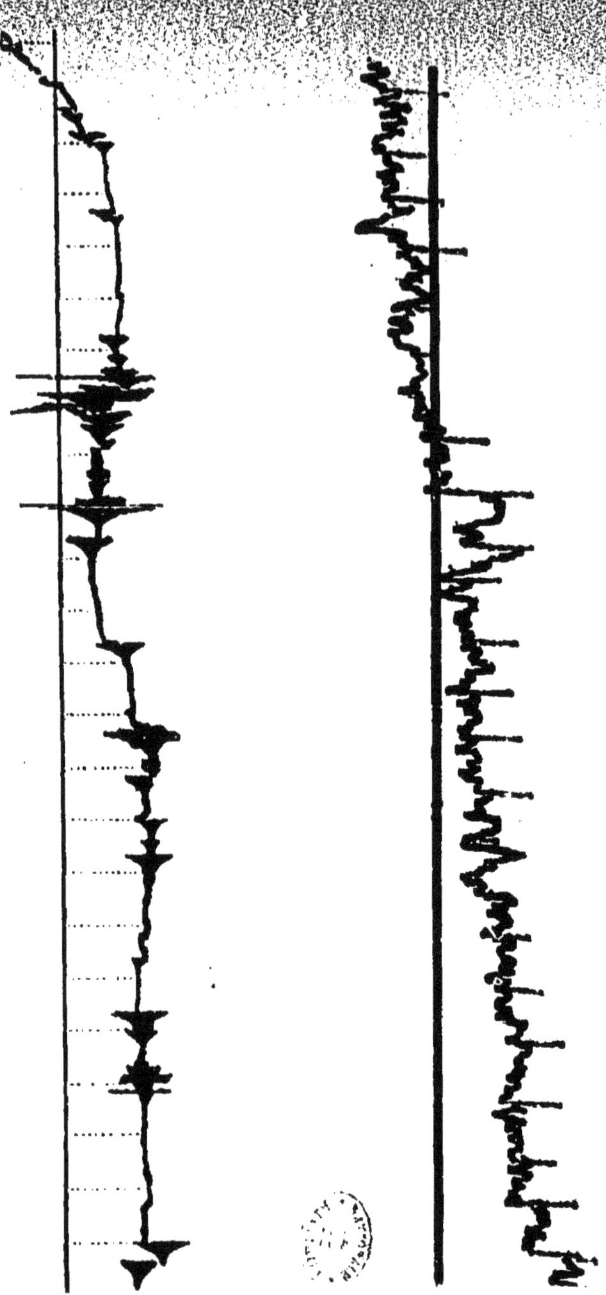

Fig. 27. — Deux lamelles de platine raclées, introduites sous la peau d'un lapin auquel on a injecté, en quatre fois, 7 c³ de toxialbumine du charbon. Dérivation à 1/99.

Fig. 28. — Mg-Mg dans $(AzH^4)^2 SO^4$ à 2 %. Une division = 1'16'. Avec dérivation.

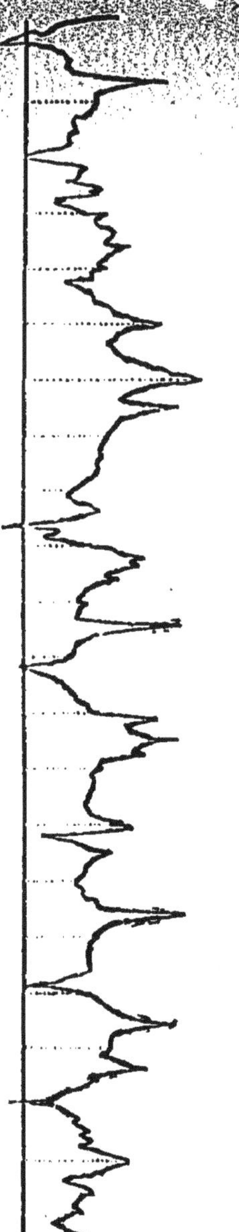

Fig. 29. — Deux lamelles en magnésium. Solution d'acide valérianique à 2 %. Récipient en verre. Chaque division correspond à 1'13". Sans dérivation (21 octobre.)

Fig. 30. — Pb—Al dans l'acide chromique à 20 %. Même solution et mêmes électrodes que fig. 31, 24 heures après (3 mars, 7 h. du s.).

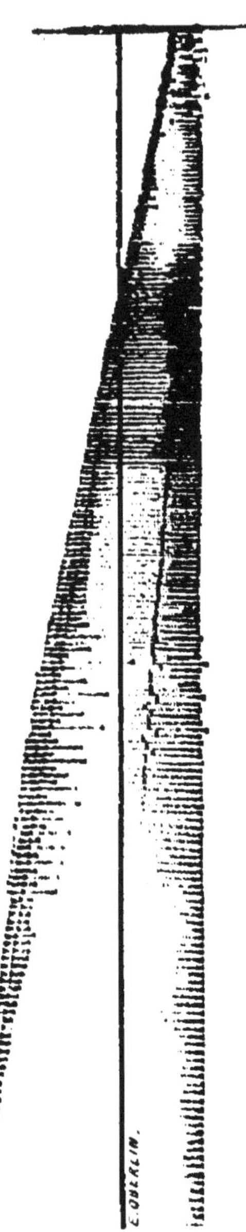

Fig. 31. — Pb—Al dans l'acide chromique à 20 %. 1 centimètre = 1'16". Dérivation à ¹/₁.

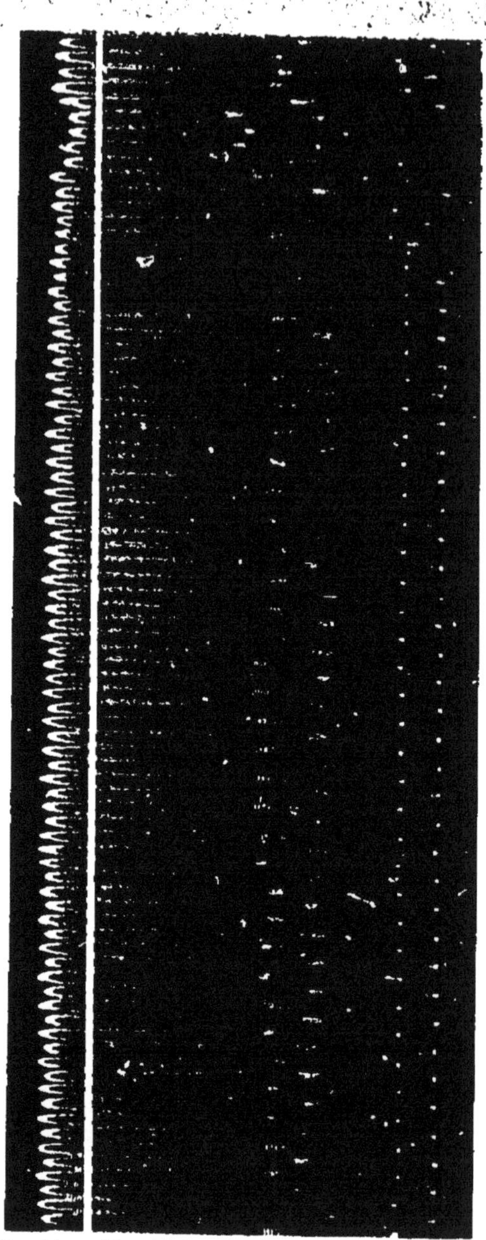

Fig. 32. — Pb—Al dans l'acide chromique à 10 %.

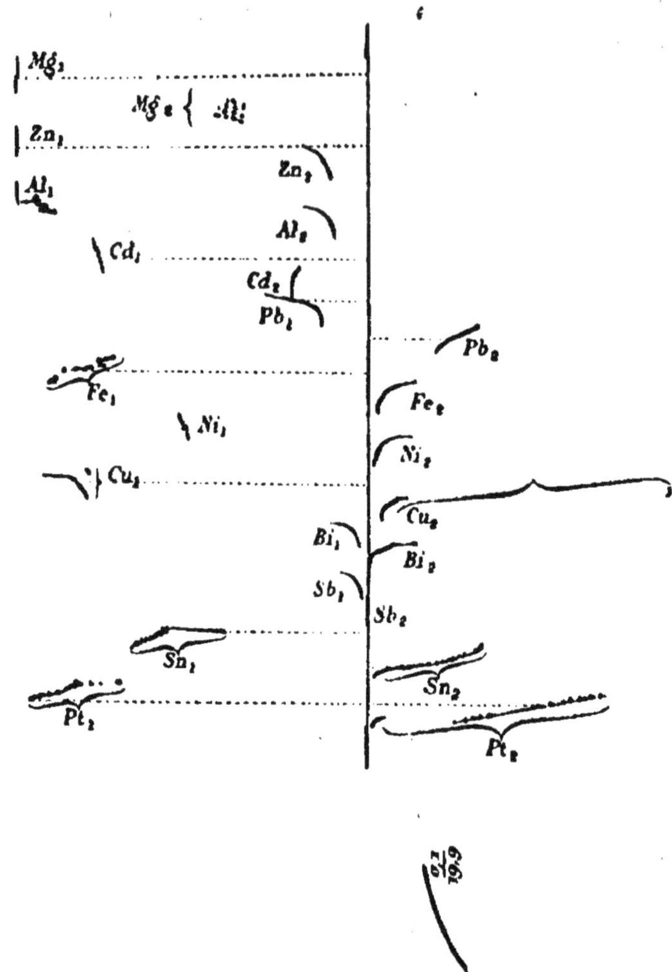

Fig. 33. — Le courant primitif précipite le cadmium de la solution CdCl₂ sur l'électrode en mercure.

www.ingramcontent.com/pod-product-compliance
Ingram Content Group UK Ltd.
Pitfield, Milton Keynes, MK11 3LW, UK
UKHW022355090726
13658UKWH00002B/649